港 則 法

4訂版

國枝佳明　竹本孝弘

共著

成 山 堂 書 店

まえがき

　海上交通三法として知られる海上衝突予防法，海上交通安全法及び港則法は，船舶を運航する者にとって安全に航海の目的を達成するためには欠かせない海上交通規則です。特に港則法は，港内における船舶交通の安全と港内の整頓の確保に多大なる貢献をしています。

　近年，経済発展に伴う船舶の増加に加え，船舶の大型化や原油，LNG・LPG船などの危険物積載船の増加，プレジャーボートの増加などにより，港内の船舶交通は複雑かつ輻輳してきています。このような状況にある港内の安全を図るために港則法の重要性は増しています。船舶を運航する者は港内における安全のために港則法を正しく理解し，遵守することが求められています。本書は港則法の理解の促進のためにカラーを多用し，多くの図を活用するように工夫されています。また，船舶運航者の立場から，法の解釈のみならず，運用についても触れています。特に航法規定に関連する部分には多くのページを割いて，図もふんだんに盛り込んでいます。さらに海難事例を掲載し，法の理解と習得の一助としています。

　本書により港則法の目的である港内の整頓が図られ，港内における船舶交通の安全が成し遂げられるために少しでもお役に立てば望外の幸いです。

　本書の出版にあたり，惜しみない助言をくださいました成山堂書店小川典子社長に心より感謝申し上げます。

2016 年 7 月

國枝佳明
竹本孝弘

4訂版にあたって

　2022年4月に発生した知床の遊覧船事故は，旅客船が沈没し，乗員乗客全員が死亡または行方不明となった悲劇的な出来事でした。この事故は，海上運送法等の改正に影響を与えました。事業者の安全管理体制の強化，船員の資質向上，監査・行政処分や罰則の強化，利用者保護の強化など，いくつかの重要な変更が含まれています。

　一方，港則法は港内における船舶交通の安全確保と港内の整理整とんを図ることを目的としています。港内では多くの船舶が出入りし，一般的な海上交通ルールである海上衝突予防法のみでは安全の確保が難しいことから，港内の秩序を守り水路の保全・事故防止に関するルールを定めています。

　船舶は一度事故に遭うと，人命や多大なる財産の喪失，地球環境の破壊など社会に大きな影響を及ぼすことになります。船舶交通の安全確保のためには，船員の資質向上を含め，海上交通ルールの正しい理解と適切な運用が欠かせません。多くの船舶が出入りする港内で港則法を正しく理解し，正確な情報を基に適切な判断が下されることが重要です。本書により，港則法の目的に沿った船舶交通の安全と港内の整とんが実現されることを切に願っています。

　2024年6月

國枝佳明
竹本孝弘

凡　　例

港則法と海上衝突予防法との関係（特別法と一般法との関係）
(1) 港則法の航法等に関連して，海上衝突予防法の規定の適用等

　港則法の適用海域内であっても港則法で特別な規定をしていない限りは，海上衝突予防法の規定が適用又は準用される。

> 【海上衝突予防法第40条】
> 　第16条，第17条，第20条（第4項を除く。），第34条（第4項から第6項までを除く。），第36条，第38条及び前条の規定は，他の法令において定められた航法，灯火又は形象物の表示，信号その他運航に関する事項についても適用があるものとし，第11条の規定は，他の法令において定められた避航に関する事項について準用するものとする。

(2) 海上衝突予防法の規定の特例

　港則法は，海上衝突予防法の特別法であるので，港則法の適用海域においては，港則法の規定が海上衝突予防法の規定に優先して適用される。

> 【海上衝突予防法第41条】
> 　船舶の衝突予防に関し遵守すべき航法，灯火又は形象物の表示，信号その他運航に関する事項であって，港則法（昭和23年法律第174号）又は海上交通安全法（昭和47年法律第115号）の定めるものについては，これらの法律の定めるところによる。

＜図について＞

　　　　　　　　　　　航路

　　　　船舶（一般の船舶）：（避航/保持の関係等なし）

　　　　船舶（保持船等）：青色

　　　　船舶（避航船等）：赤色

　　　　地物（防波堤等）

目　次

罰則及び政省令

第1章　総　則

第1条　法律の目的

> **第1条**　この法律は，港内における船舶交通の安全及び港内の整とんを図ることを目的とする。

　港則法（昭和23年7月15日，法律第174号。以下，「法」という。）は，
①船舶交通の安全を図ること②港内の整頓を図ること
を目的としている。

　港は通常他の海域に比べて多くの船舶が出入りするが，港内の水域の広さは限りがあり，また，防波堤や岸壁などで複雑な水路となっていることから，船舶交通が輻輳するので，以下のとおり規定している。

① 　港内は，狭いうえに多くの船舶が出入り・航行し，輻輳するため，外洋に比べて危険発生の可能性が高い。海上交通規則の一般規則である海上衝突予防法だけでは港内の交通秩序を保つことが困難である。そこで，特別の交通ルールを設けて，船舶交通の安全を図るために，本港則法が定められている。

② 　港内の整頓を図ることにより，港を効率的・効果的に機能させるとともに，船舶交通の安全にも寄与することができる。

　図1-1は，名古屋港の様子である。狭い港内に多くの船舶のAISデータ（△で表示）が表示されている。本港則法によ

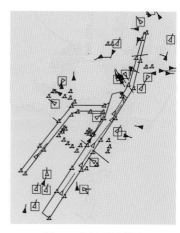

図1-1　名古屋港の様子

り航行管制が行われていることから，東航路では整然と航行している様子が判る。

　陸上においても，市街地では一方通行としたり，信号による交通整理が行われたりしているように，海上でも港則法及び関係規則で安全確保と港内整頓が行われる。

第2条　港及びその区域

> **第2条**　この法律を適用する港及びその区域は，政令[1]で定める。

1) 令第1条，別表第1

　港則法を適用する港及びその区域は，港則法施行令（昭和40年6月22日政令第219号：以下，「令」とする。）第1条，別表第1に定められている。

表1-1　港則法施行令第1条，別表第1の抜粋

都道府県	港　名	港の区域
宮城県	気仙沼	略
	志津川	略
	女　川	大貝埼からアゴシマ南西端を見とおした線及び陸岸により囲まれた海面
	鮎　川	清埼から139度に引いた線及び陸岸により囲まれた海面
	荻　浜	狐穴埼から割石埼まで引いた線及び陸岸により囲まれた海面

　適用港は，日本国内の500港（令和6年5月現在）である。また，港の境界線は，運航者が海上において容易に判別できるようにし，海図に港界（ハーバーリミット）として記載されている。

　港の区域は，船舶の利用状況，地形などの自然条件，港湾施設の規模，近い将来の施設の建設計画を考慮して，船舶交通の安全及び港内の整頓を確保するために，合理的で，かつ必要であると判断される範囲を定めている。

第3条 定 義

> **第3条** この法律において「汽艇等」とは，汽艇（総トン数20トン未満の汽船
> をいう。），はしけ及び端舟その他ろかいのみをもつて運転し，又は主としてろ
> かいをもって運転する船舶をいう。
>
> 2 この法律において「特定港」とは，喫水の深い船舶が出入できる港又は外国
> 船舶が常時出入する港であって，政令で定めるものをいう。
>
> 3 この法律において「指定港」とは，指定海域（海上交通安全法（昭和47年
> 法律第115号）第2条第4項に規定する指定海域をいう。以下同じ。）に隣
> 接する港のうち，レーダーその他の設備により当該港内における船舶交通を一
> 体的に把握することができる状況にあるものであって，非常災害が発生した場
> 合に当該指定海域と一体的に船舶交通の危険を防止する必要があるものとして
> 政令[1]で定めるものをいう。

1) 令第2条，別表第2

1. 「汽艇等」（第1項）

　汽艇等の船舶については，法律上そのトン数，長さ，用途，速力，機関の
馬力などによる明確な定義がなかったが，平成28年11月1日施行の改正に
より「総トン数20トン未満の汽船」と明確に示された。この改正により，
主として港外で活動していた総トン数20トン未満の動力船（プレジャーボート
や漁船等）が，港内を航行するときは，「汽艇等」となる。新たに「汽艇等」
となる船舶は，港内において避航義務が生ずる（港則法第18条）。狭い港内で
は運動性能が悪く操船範囲が限られる大型の船舶を，操船自由度の高い小型
の船舶が避けなければならない。

　一方，従来は「雑種船」として扱われていた総トン数20トン以上で，港
内で活動する汽船（タグボートや港内遊覧船等）は「汽艇等」とはならない。こ
れらの新たに「汽艇等」以外となる船舶には次のルールが適用される。

・港に出入する際の航路航行義務（港則法第12条）

・移動の制限（港則法第7条）

・修繕，係船届の届出義務（港則法第8条）

(1) 汽艇：総トン数20トン未満の汽船で，小型の船舶で動力を有し，かつ
　　操縦性能が良く，小回りが利く船舶である。通船，交通艇，綱取りボート，

モーターボート，漁船，プレジャーボートなどが該当する。

(2) 艀（はしけ）：河川・港湾などで大型船と陸との間を往復して貨物や乗客を運ぶ船舶であり，小型のものから1,000トンほどの相当の大きさのものもある。基本的に推進器がなく，他の船舶に押されるか，曳航される。バージと呼ばれる。

写真1-1　汽艇

写真1-2　艀（はしけ）

(3) 端舟，その他櫓櫂（ろかい）舟：櫓（ろ）や櫂（かい：オール）により運航する小舟のこと。

写真1-3　櫓の推進力による舟　　　　　写真1-4　櫂の推進力による舟

　「汽艇等」は，比較的操縦性能が優れていて小回りが利くため，狭いうえに船舶交通が輻輳する港内においては，避航義務を課せられている。さらに入出港（第4条），係留等の制限（第9条），曳航の制限（第19条），錨地（第5条）など，一般船舶と異なる扱いを受ける。

　しかし，艀や櫓・櫂船は，汽艇と異なり，船速が遅いことから操縦性能が劣るものが多い。自船の操縦性能を踏まえて大型船の航路や航行水域を避けるなどの配慮が必要である。一方，汽艇等以外の船舶は，自船の存在を知らせる注意喚起信号を行うなど，艀や櫓・櫂船の操縦性能を踏まえた対応が必要となる。

2.「特定港」(第2項)

(1) 喫水 (きっすい) の深い船舶が出入りできる港

又は

(2) 外国船が常時出入する港

であって，

(3) 政令 (令第2条・別表第2) に定める港

(4) 危険物積載船をはじめ，多数の船舶が出入し，「錨地の指定」，「泊地の移動の制限」，「航路の航行規制」，「危険物積載船に対する規制」などの特別な措置を講ずる必要のある港である。

　なお，特定港には，職権を行使する者として港長が置かれている。港長については，海上保安庁法 (第21条) において，「海上保安庁長官は，海上保安官の中から港長を命ずる。港長は，海上保安庁長官の指揮監督を受け，港則に関する法令に規定する事務を掌る。」と定められている。

　また，特定港以外の港については，「当該港の所在地を管轄する海上保安監部又は国土交通省令で定めるその他の管区海上保安本部の事務所の長」(法37条の3) が職権を行う。

　・特定港は全国で87港 (令和6年5月現在) ある。

　　(平成29 (2017) 年10月に相馬港が新たに加わった。)

第1章 総則（第3条）

施行令・別表第2（施行令第2条関係）

都道府県	特定港	都道府県	特定港
北海道	根室，釧路，苫小牧，室蘭，函館，小樽，石狩湾，留萌，稚内	青森県	青森，むつ小川原，八戸
		岩手県	釜石
宮城県	石巻，仙台塩釜	秋田県	秋田船川
山形県	酒田	福島県	相馬，小名浜
茨城県	日立，鹿島	千葉県	木更津，千葉
東京都 神奈川県	京浜	神奈川県	横須賀
		新潟県	直江津，新潟，両津
富山県	伏木富山	石川県	七尾，金沢
福井県	敦賀，福井	静岡県	田子の浦，清水
愛知県	三河，衣浦，名古屋	三重県	四日市
京都府	宮津，舞鶴	大阪府	阪南，泉州
大阪府 兵庫県	阪神	兵庫県	東播磨，姫路
		和歌山県	田辺，和歌山下津
鳥取県 島根県	境	島根県	浜田
		岡山県	宇野，水島
広島県	福山，尾道糸崎，呉，広島	徳島県	徳島小松島
山口県 福岡県	関門	山口県	岩国，柳井，徳山下松，三田尻中関，宇部，萩
香川県	坂出，高松	愛媛県	松山，今治，新居浜，三島川之江
高知県	高知	福岡県	博多，三池
佐賀県	唐津	佐賀県 長崎県	伊万里
長崎県	長崎，佐世保，厳原		
熊本県	八代，三角	大分県	大分
宮崎県	細島	鹿児島県	鹿児島，喜入，名瀬
沖縄県	金武中城，那覇		

赤字：錨地の指定を受ける国土交通省の定める特定港（第5条第2項）
□：国土交通省令の定める船舶交通の著しく混雑する特定港（第18条第2項）

6

特定港 (第2条)

稚内
留萌
小樽　根室
石狩湾　釧路
苫小牧
室蘭
函館

むつ小川原
八戸
青森
秋田船川　釜石
酒田　石巻
両津　新潟　仙台塩釜
相馬
七尾　直江津　小名浜
金沢　日立
宮津　伏木富山　鹿島
舞鶴　福井　千葉　木更津
境　敦賀　名古屋　京浜
徳山下松　浜田　姫路　阪神　横須賀
三田尻中関　広島　尾道糸崎　東播磨　衣浦　田子の浦
宇部　萩　岩国　水島　三河
厳原　博多　関門　呉　福山　清水
伊万里　唐津　柳井　今治　坂出　名古屋
佐世保　大分　松山　高松　泉州　四日市
長崎　三池　三島川之江　和歌山下津
三角　高知　新居浜　田辺
八代　鹿児島　細島　徳島小松島
喜入

名瀬

那覇
金武中城

・特定港 (87港)
・錨地指定を受ける国土交通省の定める特定港 (京浜港, 阪神港, 関門港)
・国土交通省令の定める船舶交通の著しく混雑する特定港 (千葉港, 京浜港, 名古屋港, 四日市港, 阪神港, 関門港)

図1-2　特定港

3.「指定港」(第3項)

　非常災害時の湾内の混乱を防止し，船舶を適切な海域に誘導するために必要な措置を海上交通センターで一体的に行うために海上交通安全法に「指定海域」を，港則法に「指定港」を設定している。

　海上交通安全法第2条第4項に定める「指定海域」は，非常災害時の湾内の混乱を防止し，船舶を適切な海域に誘導するために必要な措置を海上交通センターで一体的に行うために設定され，以下の特例により津波等による船舶事故の未然防止及び円滑な海上交通の機能の維持を図っている。

①船舶に対する移動命令等の制度の創設（海上交通安全法第35条）

②交通障害の発生等に関する情報の聴取義務海域を湾内全域に拡大（海上交通安全法第34条及び港則法第45条）

③入湾時における船名等の通報制度の創設（海上交通安全法第32条）

　海上交通安全法施行令第4条に「指定海域」として東京湾が指定されている。また，港則法施行令第3条に館山港，木更津港，千葉港，京浜港及び横須賀港が規定されている。

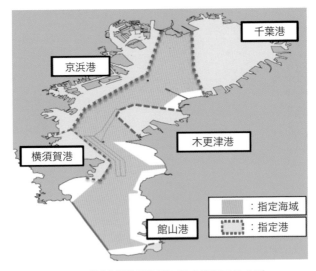

図1-3　指定海域及び指定港（海上保安庁 HP より）

8

【参考】

海上交通安全法第2条第4項（指定海域）

　この法律において「指定海域」とは，地形及び船舶交通の状況からみて，非常災害が発生した場合に船舶交通が著しくふくそうすることが予想される海域のうち，2以上の港則法に基づく港に隣接するものであって，レーダーその他の設備により当該海域における船舶交通を一体的に把握することができる状況にあるものとして政令で定めるものをいう。

海上交通安全法施行令第4条（指定海域）

　法第2条第4項の政令で定める海域は，東京湾に所在する法適用海域とする。

港則法施行令第3条（指定港）

　法第3条第3項に規定する指定港は，別表第3のとおりとする。（P154 別表第3（第3条関係）参照）

第2章　入出港及び停泊

第4条　入出港の届出

> **第4条**　船舶は，特定港に入港したとき又は特定港を出港しようとするときは，国土交通省令[1]の定めるところにより，港長に届け出なければならない。

1) 則第1条，第2条

　特定港には，入港届及び出港届又は入出港届を提出しなければならない。詳細は国土交通省令（港則法施行規則：以下，「則」とする。）で規定しており，要約すると以下のとおりである。

1．入出港の届出（則第1条関係）

　特定港への入出港の届出は次の区分により行わなければならない。

(1)-1　特定港に入港したときは，遅滞なく，定められた事項を記載した入港届を提出しなければならない。

(1)-2　特定港を出港しようとするときは，定められた事項を記載した出港届を提出しなければならない。

(2)　特定港に入港した場合において出港の日時があらかじめ定まっているときは，入出港届を提出してもよい。

(3)　入出港届を提出した後に，出港の日時に変更があったときは，遅滞なく，その旨を届け出なければならない。

(4)　特定港内に運航又は操業の本拠を有する漁船は，当該一月間の予定などを記載した書面を提出してもよい。

(5)　避難その他船舶の事故等によるやむを得ない事情に係る特定港への入港又は特定港からの出港をしようとするときは，その旨を港長に届け出てもよい。（例えば，VHF無線電話による通報による届出など）

入 出 港 届
GENERAL DECLARATION

		到着 Amval		出発 Departure
1. 船舶の名称, 種類及び信号符字 Name, Type and Call Sign of ship		2. 到着港／出発港 Port of arrival/departure		3. 到着日時／出発日時 Date-time of arrival/departure
4. 船舶の国籍 Nationality of ship	5. 船長の氏名 Name of Master	6. 前寄港地／次寄港地 Port arrived from/Port of destination		
7. 船籍港, 登録年月日*及び船舶番号 Certificate of registry（Port; Date*; Number）		8. 船舶の代理人の氏名又は名称及び住所 Name and address of ship's agent		
9. 総トン数 Gross tonnage	10. 純トン数 Net tonnage	船舶の運航者の氏名又は名称及び住所 Name and address of ship's Operator		
11. 港における船舶の位置（停泊地） Position of the ship in the port（berth of station）				
12. 航海に関する簡潔な細目（寄港地及び寄港予定地。積載されたままの貨物が荷揚げされる予定の港に下線を付す。） Brief particulars of voyage（previous and subsequent ports of call; underline where remaining cargo will be discharged）				
13. 貨物に関する簡潔な記述 Brief description of the cargo				
14. 乗組員の数（船長を含む。） Number of crew（incl. master）	15. 旅客の数 Number of passengers	16. 備考 Remarks		
添付書類の枚数* Arrached document* （Indicate number of copies）				
17. 積荷目録 Cargo Declaration	18. 船用品目録 Ship's Stores Declaration			
19. 乗組員名簿 Crew List	20. 旅客名簿 Passenger List	21. 日付及び船長又は委任を受けた代理人若しくは船舶の職員による署名 Date and signature by master, authorized agent or officer		
22. 乗組員携帯品申告書 Crew's Effects Declaration	23. 検疫明告書 Maritime Declaration of Health			

当局記入欄　For official use

24. 内航船舶 [　]

図 2-1　入出港届

　なお，定められた事項は，則第1条に定められている。

　通常，入出港届は代理店の業務となっているが，入港時刻や本船関係データは事前に代理店に知らせる必要がある。入港時刻等の変更があれば，メール，TELEX 等で知らせる。

　また，入港に際して本船に必要な情報を代理店等から入手しておくことも大切である。

　「遅滞なく」とは，可能な状態であれば猶予することなくの意味であり，入港届は，提出することが可能な状態においては，直ちに届け出なければならない。

「避難その他船舶の事故等によるやむを得ない事情」とは，荒天を避けるため一時的に港内に避泊し，天候回復とともに出ていく場合，船体，機関の故障，積荷の事故，傷病者発生時の緊急事態により臨時に寄港する場合，台風避泊又は港内での火災発生等の事故発生により港外避泊する場合などで，入（出）港届を提出できない事態をいう。

2.　入出港の届出をすることを要しない船舶

　特定港に入出港する船舶のなかには，船型，行動範囲等を勘案すると，厳密に港長がその動静を把握しておく必要がないものやその都度届出を求めなくとも，その動静を把握できると考えられるものがあり，これらについて入出港届を義務付けることは合理的でなく，また，手続きを煩雑にすることとなる。よって，施行規則第2条は以下に該当する日本船舶については，入出港の届出を要しないこととしている。

(1)　総トン数20トン未満の船舶及び端舟，その他櫓櫂（ろかい）のみをもって運転し，又は主として櫓櫂（ろかい）をもって運転する船舶

(2)　平水区域を航行区域とする船舶

(3)　旅客定期航路事業に使用される船舶であって，書面を港長に提出しているもの

(4)　あらかじめ港長の許可を受けた船舶

【参考】Sea-NACCS による電子申請

　平成20年（2008年）10月，NACCS（Nippon Automated Cargo Clearance System）と港湾 EDI システムが統合し，Sea-NACCS として運用が開始された。これにより，港長あて電子申請手続きは，全て Sea-NACCS により行うことができる。

　Sea-NACCS は，船舶の入出港手続及び海上貨物の通関手続とこれに関連する民間業務をオンラインで一元的に処理するシステムで，輸入では，船舶の入港から貨物の船卸し，輸入申告・許可，国内引取りまで，輸出では，貨物の保税地域への搬入から輸出申告・許可，船積み，出港までの一連の手続を処理対象としている。

　海上保安庁に係る Sea-NACCS の運用要領は，海上保安庁の HP を参照。

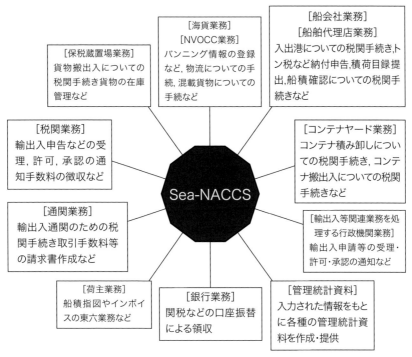

図 2-2 Sea-NACCS 概念図

第5条　びょう地

第5条　特定港内に停泊する船舶は，国土交通省令[1]の定めるところにより，各々そのトン数又は積載物の種類に従い，当該特定港内の一定の区域内に停泊しなければならない。

2　国土交通省令[2]の定める船舶は，国土交通省令[3]の定める特定港内に停泊しようとするときは，けい船浮標，さん橋，岸壁その他船舶がけい留する施設（以下「けい留施設」という。）にけい留する場合の外，港長からびょう泊すべき場所（以下「びょう地」という。）の指定を受けなければならない。この場合には，港長は，特別の事情がない限り，前項に規定する一定の区域内においてびょう地を指定しなければならない。

> 3　前項に規定する特定港以外の特定港でも，港長は，特に必要があると認める
> ときは，入港船舶に対しびょう地を指定することができる。
> 4　前2項の規定により，びょう地の指定を受けた船舶は，第1項の規定にかか
> わらず，当該びょう地に停泊しなければならない。
> 5　特定港のけい留施設の管理者は，当該けい留施設を船舶のけい留の用に供す
> るときは，国土交通省令[4]の定めるところにより，その旨をあらかじめ港長に
> 届け出なければならない。
> 6　港長は，船舶交通の安全のため必要があると認めるときは，特定港のけい留
> 施設の管理者に対し，当該けい留施設を船舶のけい留の用に供することを制限
> し，又は禁止することができる。
> 7　港長及び特定港のけい留施設の管理者は，びょう地の指定又はけい留施設の
> 使用に関し船舶との間に行う信号その他の通信について，互に便宜を供与しな
> ければならない。

1）則第3条，別表第1

2）則第4条第1項

3）則第4条第3項

4）則第4条第4項，第5項

1．特定港内の区域及びこれに停泊すべき船舶（第1項）

　特定港は喫水の深い船舶，外国船舶が常時出入する港であるため，船舶交通における混雑の緩和，整理整頓を図るため，特定港内に停泊する船舶は，原則として，そのトン数又は積載物の種類により，定められた一定の区域（港区）内に停泊するように定めている。

　「国土交通省令の定めるところにより」：1）に定める特定港の区域及びこれに停泊すべき船舶である。

【例】特定港（釜石港）内の区域及びこれに停泊すべき船舶（則第3条，別表第1抜粋）

| 釜石 | 第1区 | 釜石港湾口北防波堤灯台（北緯39度15分32秒東経141度55分54秒）から300度2815メートルの地点から185度590メートルの地点まで引いた線，同地点から235度に引いた線及び陸岸により囲まれた海面並びに矢ノ浦橋下流の甲子川水面 | 各種船舶及びけい留施設にけい留する場合における危険物を積載した船舶 |
| | 第2区 | 第1区を除いた港域内海面 | 各種船舶及び危険物を積載した船舶 |

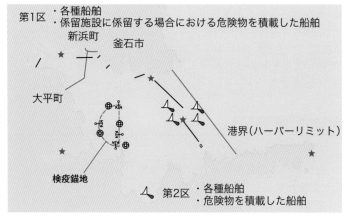

図 2-3　特定港（釜石港）内の区域及びこれに停泊すべき船舶（則第 3 条関係）

2. 錨地の指定-1（第 2 項）

　総トン数 500 トン以上の船舶（例外あり）は京浜港内，阪神港内及び関門港内では港長から錨地の指定を受けなければならない。

◎国土交通省令で定める船舶：総トン数 500 トン（関門港若松区においては，総トン数 300 トン）以上の船舶（阪神港尼崎西宮芦屋区に停泊しようとする船舶を除く。）（則第 4 条第 1 項）

◎国土交通省令で定める「特定港」とは京浜港，阪神港，関門港の 3 港（則第 4 条第 3 項）

＊港長は，特に必要があると認めるときは，これらの船舶以外の船舶に対しても錨地を指定することができる。（則第 4 条第 2 項）

3. 錨地の指定-2（第 3 項）

（1）京浜港，阪神港及び関門港以外の特定港でも，港長は特に必要があると認めるときは，入港船舶に対して錨地を指定することができる。

　　錨地の指定方法については，特に規定されておらず，書面による指定願の提出・指定の他に港務通信等でも差し支えない。なお，船舶と港長との間の無線通信については，その適正かつ円滑な運用体制を確保するため，施行規則第 5 条第 2 項に「錨地の指定その他港内における船舶交通の安全の確保に関する船舶と港長との間の無線通信による連絡についての必要な

15

事項は海上保安庁長官が定める。」と規定されている。

(2) 船舶と港長との間の無線通信による連絡に関する告示（昭和44年海上保安庁告示第205号，最近改正平成24年同告示第135号）

　　この告示は，船舶が次に掲げる連絡事項（要旨）に関し，港長（一定の港）と超短波無線電話（VHF）により連絡することについて定めたものである。

1. 連絡事項（要旨）

> （イ）入港通報に関すること。
>
> （ロ）避難その他船舶の事故等のやむを得ない事情に係る入港又は出港をしようとするときの届出に関すること。
>
> （ハ）錨地の指定に関すること。
>
> （ニ）海難を避けようとする場合その他やむを得ない事由のある場合に移動したときの届出に関すること。
>
> （ホ）航行管制に関すること。
>
> （ヘ）危険物積載船舶に対する指揮に関すること。
>
> （ト）港内又は港の境界付近において発生した海難に関する危険予防のための措置の報告に関すること。
>
> （チ）航路障害物の発見及び航路標識の異常の届出に関すること。
>
> （リ）①検疫法（第6条）に基づく通報及び②植物防疫法（第8条）・家畜伝染病予防法（第40条〜第41条）に基づく検査等に係る通報に関すること。

2. 連絡方法（略）

4. 港長が指定した錨地の優先（第4項）

　　特別な事情がある場合，港長は第1項の港区と異なるところに錨地を指定することがあるが，第1項の規定にかかわらず，港長が指定した錨地が優先される。

5. 係留の港長への届出（第5項）

　　特定港の係留施設の管理者は，係留施設を使用するときは港長に届け出なければならない。

　　総トン数500トン（関門港若松区は総トン数300トン）以上の船舶を係留する

ときは，書面（則第1条第4項又は第2条第3号）を港長に提出している場合を
除き，以下の事項をあらかじめ港長に届け出なければならない。（則第4条第
4項，第5項）

(1) 係留施設の名称

(2) 係留の時期又は期間

(3) 船舶の国籍，船種，船名，総トン数，長さ及び最大喫水

(4) 揚荷又は積荷の種類及び数量

```
第4号様式
                        係留施設使用届
                                              年　　　月　　　日
     ○○港長　殿
                              届出者所属・氏名              印
```

船舶の名称				
船舶の国籍		船舶の種類		
船舶の全長	m	総トン数		トン
重量トン数	トン	最大喫水	m	cm
船舶の代理人の氏名又は名称及び住所				
係留施設の名称又は場所		係留期間	自　　月　　日　　時　　分 至　　月　　日　　時　　分	
主な揚荷	種　類		数　量	
主な積荷	種　類		数　量	

図 2-4　係留施設使用届

6. 係留施設の使用制限（第6項）

　港長は船舶交通の安全のため，必要があると認めるときは，係留施設への
船舶の係留を制限したり，禁止したりすることができる。

7. 錨地指定等の通信に係る便宜供与（第7項）

　錨地の指定又は係留施設の使用に関する通信は，旗旒信号，無線通信など
により行われる。港長と港湾施設の管理者の間で通信について，互いに便宜
を供与しなければならない。

17

【告示】

　係留施設の使用に関する私設信号については，則第5条第1項に基づき，港長が係留施設に使用する私設信号を許可したときの報告義務づけられ，同条第3項に基づき告示されている。（港長→海上保安庁長官）

　係留施設の使用に関する私設信号（平成7年海上保安庁告示第34号）

　この告示は，係留施設の使用に関する「指示信号」及び船舶の「応答信号」（別表），並びに指示信号を受けるべき船舶及び指示信号を発する場所（同別表の「備考」欄）を定めている。

1) 係留施設の使用に関する指示（以下「指示」という。）に用いる私設信号（以下「指示信号」という。）及び船舶がそれに対する応答に用いる私設信号（以下「応答信号」という。）は，港ごとに別表のとおりである。
2) 前項の私設信号を発する場合には，別表において特別の信号方法の定めのあるものを除き，信号旗として，指示旗，係岸旗及び離岸旗並びに国際信号旗を用いる。

　指示旗，係岸旗及び離岸旗は，国際信号旗に準ずる大きさとし，それらの様式は次のとおりとする。

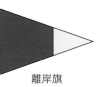

指示旗　　　　　　係岸旗　　　　　　離岸旗

図2-5　指示旗，係岸旗，離岸旗

［例］

1. 千葉港

指示		応答信号	備　考
信　号	信　　文		
白灯点灯	離岸船有り，出光興産千葉事業所岸壁への係留待て。		指示信号は，出光興産千葉事業所の係留施設に係留する船舶に対し，出光信号柱において発するもの
白灯点滅	出光興産千葉事業所岸壁に係留せよ。		

⋮

6. 唐津港

指　　示		応答信号	備　　考
信　号	信　文		
係・K	九電桟橋に係留せよ。	2代・K	指示信号は，九州電力唐津発電所の係留施設に係留する船舶に対し，唐津東港唐津発電所構内作業指令所において発するもの

第6条　移動の制限

> 第6条　汽艇等以外の船舶は，第4条，次条第1項，第9条及び第22条の場合を除いて，港長の許可を受けなければ，前条第1項の規定により停泊した一定の区域外に移動し，又は港長から指定されたびょう地から移動してはならない。ただし，海難を避けようとする場合その他やむを得ない事由のある場合は，この限りでない。
>
> 2　前項ただし書の規定により移動したときは，当該船舶は，遅滞なくその旨を港長に届け出なければならない。

　特定港内における汽艇等以外の船舶について，港長の許可を受けた場合を除いて，停泊した港区内又は港長から指定された錨地から移動してはならないことを規定している。

1.　移動の制限（第6条）

　特定港において，船舶が停泊した一定の区域または錨地からの移動を，原則として禁止したものである。

（1）移動の禁止（第1項）

　汽艇等以外の船舶は，次に掲げる場合を除いて，港長の許可を受けなければ，特定港の停泊した一定の港区又は港長から指定された錨地から移動してはならない。

　本条は「港長から指定された錨地等」からの移動を禁止している規定であり，特に「特定港」とは規定されていないが，港区及び錨地の指定については特定港のみの規定であるので，本条も特定港について規定されるものである。

　1）出港の届出をした場合（第4条）

　2）修繕又は係船の届出をした場合（第7条第1項）

　3）港長から移動を命ぜられた場合（台風接近時の避難命令など）（第9条）

　4）危険物の荷役又は運搬の許可を受けた場合（第22条）

(2) 移動することができる場合（第1項　但し書）

　次に掲げる場合は，移動することができる。

　1）海難を避けようとする場合

　2）その他やむを得ない事由のある場合（例えば，船内の傷病者を緊急に陸上搬送する場合や人命を救助する場合）

2. 海難を避けようとする場合等で移動したときの届出（第2項）

　第1項の但書により移動した場合は，遅滞なくその旨を港長に届け出なければならない。

　港長は在港船舶の動静を把握しておかなければならないので，第1項の規定で港長が他の規定に基づく許可申請又は届出により船舶の動静を把握できる場合を除き，許可を得なければ移動してはならない。一方，許可を受けることなく緊急に移動した場合は，「遅滞なく」報告させることにより，動静把握を確保しようとするものである。

　「遅滞なく」とは，入港届の提出の場合と同様に直ちに行うものであるが，届出書によることが義務付けられていないので，書面で提出できないときは，無線電話等の手段で速やかに届け出ることができる。

　港長は移動後の停泊場所が船舶交通の安全上，適当でないと認められる場合は，法第9条の規定により他の適当な場所へ移動を命ずることができる。

第7条　修繕及び係船

第7条　特定港内においては，汽艇等以外の船舶を修繕し，又は係船しようとする者は，その旨を港長に届け出なければならない。

2　修繕中又は係船中の船舶は，特定港内においては，港長の指定する場所に停泊しなければならない。

3　港長は，危険を防止するため必要があると認めるときは，修繕中又は係船中の船舶に対し，必要な員数の船員の乗船を命ずることができる。

　「修繕」とは，船体，機関，補機，甲板機械等の船舶の運航に直接支障を来たす修繕であり，船舶が急に動かなければならないときに復旧が容易でないような修繕をいう。

　「係船」とは，船舶安全法（第2条，同法施行規則第2条・第41条）の規定により船舶検査証書を管海官庁に返納して船舶の航行の用に供しないことである。

　特定港内において，汽艇等以外の船舶を修繕し，又は係船する場合において，港長にその旨を届けさせることにより，港長が特殊な停泊状態にある船舶の動静を把握するとともに，停泊場所を指定して港内の整頓をするものである。また，必要な船員の乗船を命ずることによって事故防止を図ることも規定している。

1. 修繕又は係船の届出（第1項）

　以下のような「修繕・係船届」を届け出なければならない。（第1項）

《例》

第6様式　　　　　　　修 繕・係 船 届　　　　　　　　　　　　　　　　年　月　日					
〇〇港長　殿　　　　　　　　　　　　　届出者所属・氏名　　　　　　　　　　印					
船舶の名称			船舶の種類		
船舶の国籍			総 ト ン 数		トン
船舶の全長		m	最 大 喫 水	m	cm
船舶の代理人の氏名又は名称及び住所					
修繕・係船期間	自　年　　月　　日		修繕・係船中の停泊場所		
	至　年　　月　　日				
主要修繕箇所・係船理由及び方法					
乗組員の数			修繕・係船中の乗組員の数		
事故防止措置					
※指定停泊場所					

図 2-6　修繕・係船　届

　なお，入渠又は上架して造船所などの陸上又は施設の中で修繕が行われ，他の船舶交通とは関係がない場合は，修繕の届出の提出は必要ないが，その場合において，法第33条，則第20条及び別表第3の規定に基づき，入出き

ょ届を提出しなければならない港がある。

2. 修繕又は係船場所の指定（第2項）

修繕又は係船する場合は港長の指定する場所に停泊すること。

3. 修繕中又は係船中の船舶への船員乗船の命令（第3項）

港長は，危険防止のため，必要があると認めるときは，必要な員数の船員の乗船を命ずることができる。

第8条　係留等の制限

> **第8条**　汽艇等及びいかだは，港内においては，みだりにこれを係船浮標若しくは他の船舶に係留し，又は他の船舶の交通の妨となるおそれのある場所に停泊させ，若しくは停留させてはならない。

船舶交通の安全と港内の整頓を図るため，港内における汽艇等及び筏（いかだ）の停泊・停留場所を制限する規定である。汽艇等が，他の船舶が係留するために設けられている係船浮標や他の船舶に係留することにより，汽艇等以外の船舶の係留及び交通に支障を来すことのないように規定している。

また，筏は通常輸送手段ではなくそれ自体が貨物であり，しかも長大で引船により移動させることも容易ではない場合が多い。このような筏が係船浮標や他の船舶にみだりに係留，停泊・停留したりすると他の船舶の交通を阻害することとなるので，これを禁止している。なお，本条は特定港のみでなく，全ての適用港に規定される。

港内の船舶交通の安全及び港内の整頓の観点から，汽艇等及び筏は，
(1) みだりに係船浮標又は他の船舶に係留してはならない
(2) みだりに他の船舶の交通の妨げとなるおそれのある場所に停泊させ，又は停留させてはならない。

「みだりに」とは，社会通念上，正当な理由があると認められない場合を言い，次のような場合はこれに該当しない。
(1) 機関故障等自船の事故のため曳船の救援があるまで係船浮標や他の船舶に一時的に係留している場合

（2）係船浮標に係留する本船が到着するまでの間に，綱取りボート（汽艇等）を係留予定の浮標に係留している場合

（3）手配した交通艇を船舶の舷梯につないでおく場合，又は舷梯の準備ができるまで交通艇が付近で停留している場合

（4）荷役中のタンカーのバース警戒に従事している汽艇等がその付近に停留している場合

（5）船だまり等にある汽艇用の係船浮標に汽艇を係留する場合

例）プレジャーボート（汽艇等）の係留施設を指定する（図2-7）ことにより，港内の整頓を図るとともに，他の船舶交通の妨げとならないようにしている。

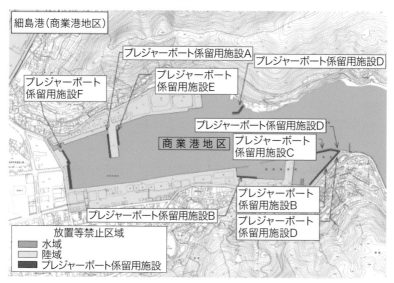

図2-7　細島港プレジャーボート係留施設指定図
（出典：宮崎県HP）

第2章　入出港及び停泊（第8条）

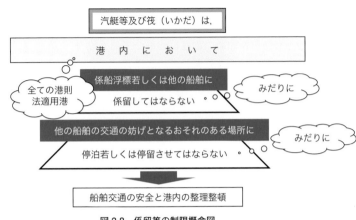

図 2-8 係留等の制限概念図

「停留」とは，海上衝突予防法における「航行中」の一形態であり，船舶が錨泊していない，陸岸に係留していない，乗り揚げていない状態であり，かつ一時的に速力が無い，停まっている状態である。

第9条 移動命令

> **第9条** 港長は，特に必要があると認めるときは，特定港内に停泊する船舶に対して移動を命ずることができる。

特定港内に停泊している船舶に対して，船舶交通の安全及び港内の整頓を図る上で必要があれば，当該場所から他の場所へ移動を命ずることができるとした規定である。これは，港長の移動命令権を定め，これにより海難防止を図るものである。

本条は，船舶交通の安全及び港内の整頓を図るためには，船舶を一定の場所にとどめておくという規制だけでは不十分であり，港内の状況に合わせて停泊船舶及び通航船舶の安全上，船舶の停泊場所を変更する必要がある状況を想定している。

例えば以下のような場合である。

(1) 台風が接近しており，港内停泊は危険であり，港外に避難する必要があ

るとき。…台風・津波等により港内において，海難等の災害の発生が予想
される場合及び委員長が委員会開催の必要があると認めた場合に台風・津
波等対策委員会を招集し，避難勧告等が決定される。

(2) 津波警報が発せられたとき，船舶が港内に停泊していることが危険であ
ると認められるとき。…上記同様，台風・津波等対策委員会を招集され，
避難勧告等が決定される。

(3) 港内において火災が発生し，係留している船舶に危険が及ぶ恐れがある
とき。

(4) 火災発生の船舶を他の船舶や施設などから隔離する必要があると認めら
れるとき。

(5) 伝染病等の発生が認められた船舶に対して，他船または陸上の人々に感
染しないように隔離する必要があると認められるとき。

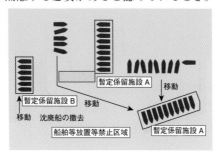

図 2-9　移動命令による港内整頓

＊本条の規定は，第 45 条 (準用規定) により，特定港以外の港に準用される。

第 10 条　停泊の制限

第 10 条　港内における船舶の停泊及び停留を禁止する場所又は停泊の方法につ
いて必要な事項は，国土交通省令[1]でこれを定める。

1) 則第 6 条，第 7 条，第 23 条，第 25 条，第 26 条，第 30 条，第 34 条，第 36 条，第 37 条，
第 39 条，第 48 条，第 49 条，第 50 条

船舶全般に対して「停泊及び停留」の制限について規定している。禁止す

る場所，又は停泊の方法については，国土交通省令（港則法施行規則）に委任することを定めた規定である。

(1) 錨泊又は停留の制限（則6条）

船舶は，港内においては，次に掲げる場所にみだりに錨泊又は停留してはならない。
1) 埠頭，桟橋，岸壁，係船浮標及びドックの付近
2) 河川，運河その他狭い水路及び船だまりの入口付近

(2) 異常気象等への準備（則7条）

港内に停泊する船舶は，異常な気象又は海象により，当該船舶の安全の確保に支障があるときは，以下の準備をしなければならない。
1) 適当な予備錨を投下する準備
2) 汽船は，さらに蒸気を発生させるとともに，その他直ちに運航できるための必要な準備

(3) 錨泊の方法（則第36条：関門港）

港長は，必要があると認められるときは，関門港内に錨泊する船舶に対し，双錨泊を命ずることができる。

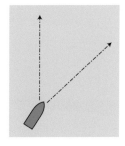

→　双錨泊を命ずるのは，錨泊する船舶の振れ回りを小さくし，船舶の輻輳する狭い関門港において，船舶交通の安全を図るためである。

なお，双錨泊を定めている港は，現在（令和6年5月現在）は関門港のみである。

図2-10　双錨泊

(4) 錨泊等の制限（則第23条：鹿島港，第26条：京浜港，第42条：高松港，第48条：細島港，第49条：那覇港）

各港で定める一定の海面・水面において，以下の場合を除いて，**錨泊し，又は曳航している船舶その他の物件を放すことを禁止**している。
1) 海難を避けようとするとき
2) 運転の自由を失ったとき
3) 人命又は急迫した危険のある船舶の救助に従事するとき

4) 法第31条の規定による港長の許可を受けて工事又は作業に従事すると
き

(5) 停泊の制限 (則第25条：京浜港, 第30条：阪神港, 第34条：尾道糸崎港, 第47条：細島港)

各港で定める一定の海面・水面において, 艀 (はしけ) や船舶を他の船舶又は, 岸壁に係留している船舶の船側に係留するときの縦列の数を制限したり, 可航幅を確保するための船舶や筏 (いかだ) の停泊・停留する水域を制限したり, 船舶を他の船舶の**船側に係留することの禁止**を定めている。

【例】

1) 京浜港東京第1区においては, 艀 (はしけ) を他の船舶の船側に係留するときは, 1縦列を超えないこと。(則第25条, 第1号)
2) 阪神港大阪区河川運河水面においては, 船舶は両岸から河川幅又は運河幅の4分の1以内の水域に停泊し, 又は係留しなければならない。
(則第30条, 第1項)

各港の停泊禁止等をまとめると表2-1のようになる。

表2-1　停泊水域等 (まとめ)

港の名称	適用対象	適用区域	禁止行為		適用条項 (施行規則)
鹿島	船舶	鹿島水路	錨泊		第23条
京浜	船舶	東京第1区	艀を他船に係留するとき	1縦列を超える	第25条
		東京第2区, 横浜第1区, 第2区及び第3区		3縦列を超える	
		川崎第1区, 横浜第4区		2縦列を超える	
		川崎第1区, 横浜第4区	錨泊		第26条
阪神	船舶	河川運河水面	両岸から河川幅又は運河幅の1/4以内の水域以外における停泊又は係留		第30条第1項
		防波堤内	艀を係留中の他船に係留するとき	2縦列を超える	第30条第2項
		防波堤内		3縦列を超える	
尾道糸崎	船舶	尾道糸崎港第3区	係留中の船舶への係留		第34条
高松	船舶	係留	錨泊		第42条
細島	船舶	細島航路両側の指定海面	他船への係留		第47条1項
		細島航路両側の指定海面等	錨泊		第48条
那覇	船舶	那覇水路	錨泊		第49条

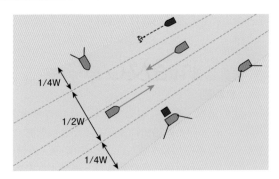

図2-11　大阪港大阪区河川運河水面

3) 尾道糸崎港第3区においては，船舶を岸壁又は桟橋に係留中の船舶の船側に係留してはならない。（則第34条）

4) 細島港の一定の海面・水面においては，船舶を他の船舶の船側に係留してはならない。（則第47条第1項）

＊適用除外（則第21条第2項）

　則第30条，第34条，第37条は，あらかじめ港長の許可を受けた場合については，適用しない。

第3章 航路及び航法

＊港則法における航法規定は，海上衝突予防法第40条の規定により，「互いに他の船舶の視野の内にある船舶」について適用される。したがって視界制限状態にある場合は，海上衝突予防法第19条が適用され，本法は適用されないので注意が必要である。

第11条 航 路

> **第11条** 汽艇等以外の船舶は，特定港に出入し，又は特定港を通過するには，国土交通省令[1]で定める航路（次条から第39条まで及び第41条において単に「航路」という。）によらなければならない。ただし，海難を避けようとする場合その他やむを得ない事由のある場合は，この限りでない。

1）則第8条

汽艇等以外の船舶が特定港に出入し，又は特定港を通過するには，原則として省令で定めている航路を航行しなければならないことを規定している。

大型船等各種の船舶が出入りし，船舶交通が輻輳し，かつ，その流れが複雑となることが予想される海域において，航行船舶及び停泊船舶の安全を確保し，狭い水域を有効に利用するためには，船舶の流れを統一するための通航路を定め，大型船等にこの通航路による航行を義務付ける必要がある。

1. 航路航行義務－1

船舶交通が輻輳する一定の特定港において，汽艇等以外の船舶は，定められた航路を航行しなければならない。

国土交通省令（港則法施行規則第8条，別表第2）に①港の名称，②航路の区域，③特定条件が定められている。

全国で以下の35特定港に75航路が定められている。中には阪神港や関門港のように，1港で6航路や8航路が設けられている港もある。

なお，青森港の航路（総トン数500トン未満）及び千葉港の姉崎航路（総トン数1,000トン未満）は船舶の大きさによって航路を航行しないことができると

いう「特定条件」を定めている。（令和6年5月現在，上記2航路のみ）この場合でも他船の安全な航行を妨げることにならなければ，できる限り航路を航行することが望ましい。

1) 釧路港
2) 室蘭港
3) 函館港（第1航路，第2航路，第3航路）
4) 小樽港
5) 青森港
6) 八戸港（東航路，西航路）
7) 仙台塩釜港
8) 木更津港（木更津航路，富津航路）
9) 千葉港（千葉航路，市原航路，姉崎航路，椎津航路）
10) 京浜港（東京東航路，東京西航路，川崎航路，鶴見航路，横浜航路）
11) 伏木富山港（伏木航路，新湊航路，富山航路，国分航路）
12) 清水港
13) 名古屋港（東航路，西航路，北航路）
14) 四日市港（第1航路，第2航路，第3航路，午起航路）
15) 舞鶴港
16) 阪南港（岸和田航路，泉佐野航路）
17) 阪神港（浜寺航路，堺航路，大阪航路，神戸中央航路，新港航路，神戸西航路）
18) 東播磨港
19) 姫路港（東航路，飾磨航路，広畑航路）
20) 和歌山下津港（下津航路，北区航路）
21) 境港
22) 水島港（港内航路）
23) 尾道糸崎港（第1航路，第2航路，第3航路）
24) 広島港
25) 関門港（関門航路，関門第2航路，響航路，砂津航路，戸畑航路，若松航路，奥洞海航路，安瀬航路）
26) 徳島小松島港
27) 高松港
28) 新居浜港（第1航路，第2航路）

29）高知港

30）博多港（中央航路，東航路）

31）三池港

32）長崎港

33）佐世保港

34）細島港

35）鹿児島港（本港航路，新港航路）

【例】

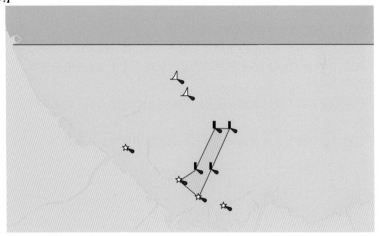

図 3-1　青森港　航路

表 3-1　別表第 2（則第 8 条関係，抜粋）

港の名称	航路の区域	特定条件
釧 路	釧路港東区北防波堤南灯台から 90 度 250 メートルの地点まで及び 293 度 700 メートルの地点まで引いた線と釧路港東区南防波堤灯台から 90 度 300 メートルの地点まで及び 293 度 700 メートルの地点まで引いた線との間の海面	
…略…	…略…	
青 森	第一号の地点から第二号の地点まで引いた線と第三号の地点から第四号の地点まで引いた線との間の海面 一　新北防波堤東端から 264 度 1400 メートルの地点 二　新北防波堤東端から 340 度 30 分 1715 メートルの地点 三　新北防波堤東端から 277 度 1930 メートルの地点	総トン数 500 トン未満の船舶は，本航路によらないことができる。

| | 四 新北防波堤東端から 290 度 1555 メートルの地点 五 新北防波堤東端から 329 度 30 分 1880 メートルの地点 | |

航路航行義務のない船舶は汽艇等である。汽艇等は主として港内を活動範囲としているので，これに航路航行を義務付けることはその活動を著しく制限することとなってしまい現実的でない。また，これらの船舶は港内の航路以外の水域を航行させた方がかえって港内全般の船舶交通の安全，航路の有効利用につながることから，航路航行義務を課されていない。

2. 航路航行義務-2

「航路によらなければならない」とは，

(1) 航路の１つの出入口から航路全てを通って，他の出入口から出る場合
(2) 航路の１つの出入口から航路に入り，航路の途中側方から航路外に出る場合
(3) 航路の途中側方から航路に入り，航路の１つの出入口から航路外に出る場合
(4) 航路の途中側方から航路に入り，航路の途中側方から航路外に出る場合

【例】

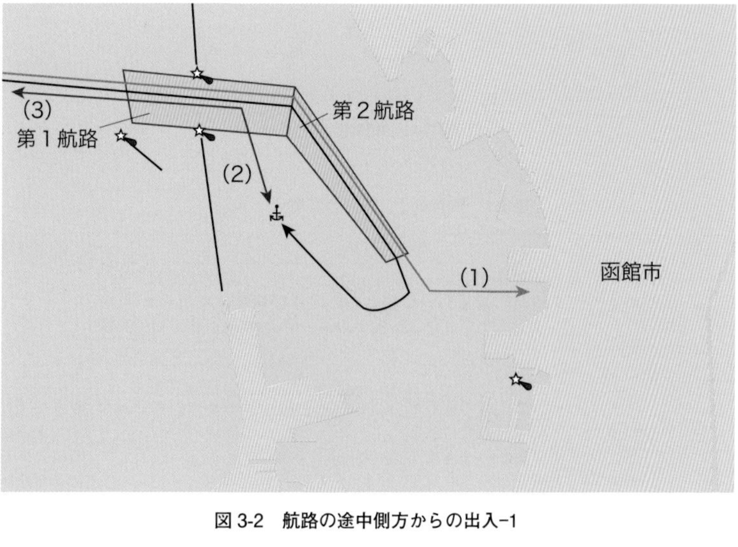

図 3-2　航路の途中側方からの出入-1

が考えられる。「航路によらなければならない」ので，**安全で実行可能な限りは航路を航行しなければならない**。しかし，無理に航路を航行するとかえって安全を損なうような場合は，航路の途中側方から入り，又は航路の途中側方から出て航路の一部を航行する方がよい。

青色矢印：航路の1つの出入口から航路全てを通って，他の出入口から出る場合，航路出口の先に目的のバースがあり，理にかなっている（1）。

黒色矢印：航路の1つの出入口から航路全てを通って，他の出入口から出る場合，錨地へ向かうのに，わざわざ航路出口付近で反転しており，理にかなっているとは言い難い（ただし，錨泊時に風向の関係でこのような操船をすることがある）。

赤色矢印：錨地へ向かうため，航路の1つの出入口から航路に入り，航路の途中側方から航路外に出る場合（2），また，航路の途中側方から航路に入り，航路の1つの出入口から航路外に出る場合（3），これらは理にかなった航行であると言える。

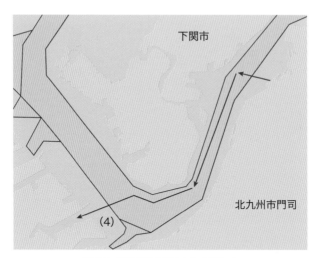

図3-3　航路の途中側方からの出入-2

緑色矢印：関門航路のように長い航路では，港内移動のために航路の途中側方から航路に入り，航路の途中側方から航路外に出る場合があり，これも理にかなっていると言える（4）。

33

＊航路に入る場合の注意

（1）航路の出入口から航路に入る場合，**航路に入る手前のできるだけ遠い位置から入航針路となるように計画・実行する**。航路出入り口付近での大角度の変針は避けるべきである。

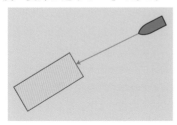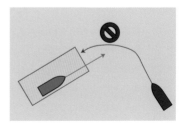

図3-4　航路へ入る手前の遠い位置から入航針路とする

（2）航路の途中側方から出，又は入る場合は，できるだけ航路に沿った針路に対して**小さい角度で出入りする**。ただし，航路の中央線を横切って航路の途中側方から航路外に出る場合は，反航する航路を速やかに（航路と直角に近い角度で）横切って航路外へ出る。

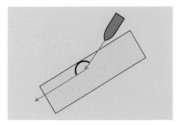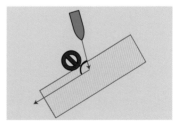

図3-5　小さな角度で航路の側方から入る

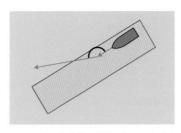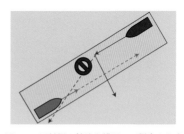

図3-6　小さな角度で航路の側方から出る　　図3-7　反対側の航路を横切って側方から出る

3. 航路によらないことができる場合（但書）

航路航行義務があるものの，但書により，以下の場合は航路航行の義務が免除される。

（1）海難を避けようとする場合

（2）その他やむを得ない事由のある場合（例えば，人命救助をする場合など）

第12条　航路内の投錨等の禁止

> **第12条**　船舶は，航路内においては，次に掲げる場合を除いては，投びょうし，又はえい航している船舶を放してはならない。
> 1　海難を避けようとするとき。
> 2　運転の自由を失ったとき。
> 3　人命又は急迫した危険のある船舶の救助に従事するとき。
> 4　第31条の規定による港長の許可を受けて工事又は作業に従事するとき。

1. 航路内における投錨等の禁止

航路内において，船舶交通の妨げとなり，船舶交通の安全を脅かす行為として，

（1）投錨すること

（2）曳航している船舶を放すこと

を禁止している。

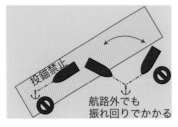

図3-8　航路内投錨禁止

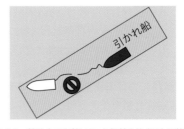

図3-9　航路内で曳航している船舶を放すことの禁止

航路内に投錨することを禁止している。また，錨位は航路外であるが，振れ回りによって船体が航路にかかるような場合は，安全な交通を妨げることとなるので航路内投錨と同様に行ってはならない。

2. 航路内における投錨等の禁止の免除（第12条）

次の場合は，航路内における投錨等の禁止が免除となる。

(1) 海難を避けようとするとき

(2) 運転の自由を失ったとき

(3) 人命又は急迫した危険のある船舶の救助に従事するとき

(4) 港長の許可（第31条）を受けて工事又は作業に従事するとき

＝＝＝＝＝ 第13条　航　法 ＝＝＝＝＝

> **第13条**　航路外から航路に入り，又は航路から航路外に出ようとする船舶は，航路を航行する他の船舶の進路を避けなければならない。
>
> 2　船舶は，航路内においては，並列して航行してはならない。
>
> 3　船舶は，航路内において，他の船舶と行き会うときは，右側を航行しなければならない。
>
> 4　船舶は，航路内においては，他の船舶を追い越してはならない。

航路に関する航法（第13条）

港則法の航路は狭く，船舶交通の輻輳するところに定められているため，予防法の航法では船舶交通の安全を確保できないので，**特別な航法として以下の航路航行方法を定めている。**

(1) 航路における避航関係（第13条第1項）

(2) 並列航行禁止（第13条第2項）

(3) 行き会うときの右側航行（第13条第3項）

(4) 追い越し禁止（第13条第4項）

1. 航路における避航関係（第13条第1項）

航路航行船を優先させ，航路外から航路に入る船舶，又は航路内から航路外へ出る船舶に避航義務を課した規定である。なお，航路を横断する船舶も同様に航路航行船に対して避航義務を負う。

一方，航路航行船は，当該避航船に対して**保持船となり，針路・速力を保持**しなければならない。なお，航路が屈曲している場合には，保持船である航路航行船は航路に沿って航行すべきであって，屈曲部では航路に沿った針

路に変針しなければならない。

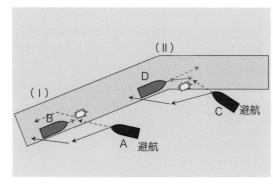

図 3-10　航路航行船優先（1）

（Ⅰ）航路に入ろうとする船舶 A は，航路航行船 B を避航した後に航路に入る。

　　航路がなければ，船舶 B が避航船となる。（海上衝突予防法の横切り船の航法）しかし，航路があるので，本条の規定により航路航行船が優先となり，船舶 A が避航船となる。

（Ⅱ）航路に入ろうとする船舶 C は，航路航行船 D が航路に沿って変針するので，それを踏まえて航路航行船 D を避航した後に航路に入る。

　　航路がなければ，船舶 D が避航船となる。（海上衝突予防法の横切り船の航法）しかし，航路があるので，本条の規定により航路航行船が優先となり，船舶 C が避航船となる。

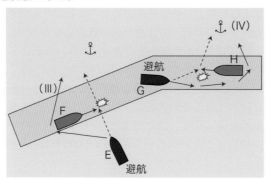

図 3-11　航路航行船優先（2）

（Ⅲ）航路を横切ろうとする船舶Eは，航路航行船Fを避航した後に航路を
横切る。

　　航路がなければ，船舶Fが避航船となる。（海上衝突予防法の横切り船の航
法）しかし，航路があるので，本条の規定により航路航行船が優先となり，
船舶Eが避航船となる。

（Ⅳ）航路から航路外へ出ようとする船舶Gは，航路航行船Hを避航した後
に航路外へ出る。

注1）港則法は，一般法である海上衝突予防法の特別法にあたるので，海上
衝突予防法の航法規定に優先する。

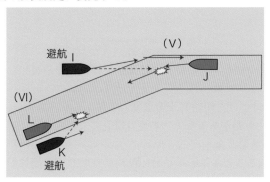

図3-12　航路航行船優先（3）

（Ⅴ）航路に入ろうとする船舶Iは，航路航行船Jを避航した後に航路に入
らなければならない。

　　航路航行船Jは行き会い船の航法が適用されると考えて右転してはなら
ない。もし航路がなければ，行き会い船の航法となるが，この場合は航路
があるので，港則法第13条第1項の規定により，航路に入ろうとする船
舶Iが避航船となる。

（Ⅵ）航路に入ろうとする遅い船舶Kは，航路航行中の速い船舶Lを避けて
航路に入らなければならない。航路がなければ，追い越し船の航法が適用
されるが，航路があるので，港則法第13条第1項の規定により，航路に
入ろうとする船舶Kが航路航行船Lを避航しなければならない。

第3章　航路及び航法（第13条）

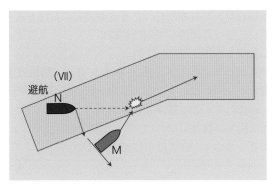

図 3-13　海上衝突予防法が適用される場合

（Ⅶ）航路外から航路に入ろうとする船舶 M と航路から航路外に出ようとする船舶 N，この場合は港則法第 13 条第 1 項の規定は適用されない。したがって海上衝突予防法 15 条（横切り船）の規定により，他の船舶を右舷に見る船舶 N が，他の船舶を左舷に見る船舶 M を避航する。

【衝突事例】

＜航路航行船優先＞港則法第 13 条第 1 項

　総トン数 2,046 トンの貨物船 P 号は夜間，関門港門司区を出港し，関門航路を西へ航行するため，左転を始めたところ，関門航路を西航する大型船があったので，その進路を避け，ゆっくり左回頭を続けながら同航路に入る機会を待つうち，衝突の 6 分前頃，左舷船首 2,800 m の同航路内に総トン数 491 トンの油

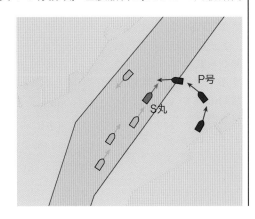

槽船 S 丸の緑灯を，さらにその少し左に同船に後続する 3 隻の東航船の緑灯をそれぞれ初認した。ちょうどその頃，西航する大型船が自船の前路を通過するのを認めた。

　P 号は東航する S 丸の動向を慎重に見守り，航路航行中の S 丸の進路を避

けるべきであったが，これを怠り，どうにか同船の前路を通り抜けること
ができると思い，徐々に増速して関門航路に入り，Ｓ丸の進路を避けるこ
となく進行し衝突した。

　本件は，**航路外から航路に入ろうとするＰ号が，同航路を航行するＳ
丸の進路を避けなかったことを主因**，Ｓ丸が見張り不十分で，警告信号を
吹鳴しなかったことを一因と裁決された。

　なお，Ｓ丸は総トン数491トンであり，関門港では総トン数300トン
未満が小型船となるので，Ｓ丸は小型船ではない。

【衝突事例】

＜航路航行船優先＞港則法第13条第1項

　総トン数2,611トンのＡ丸は，名古屋港の航路外から外港第一航路
(現東航路) に入り，当時航路が出航制限の状態であったので，外港第二航
路 (現西航路) を経て出航することとし，衝突の2分前，外港第一航路か
ら同第二航路の右側に向けて航行中，左舷船首約800ｍに接近する総ト
ン数5,915トンのＦ丸の紅灯が緑灯に代わり，衝突のおそれがある態勢
となったが，灯火の変化模様から，航路外に出ようとしているＦ丸が避
航してくれるものと思い，そのまま続航中，引き続きＦ丸が緑灯のまま
なので，全速後進としたが，そのまま衝突した。一方，Ｆ丸は，外港第二
航路からコンテナ埠頭に向かう予定で航行中，衝突の約2分前，Ａ丸を
左舷船首0.5マイルに見る状況のとき，左舵をとって航路外に出ようと
し，その直後Ａ丸の緑灯が紅灯に変わったので，右舷を対して航過でき
ると考え，左転を続けて
いるうち，衝突した。

　名古屋港の**外港第二航
路から航路外に出ようと
するＦ丸が，同航路を
航行しているＡ丸の進
路を避けなかったことを
主因**とし，Ａ丸が警告信
号を行わず，衝突を避け
る措置をとらなかったこ
とを一因とした。

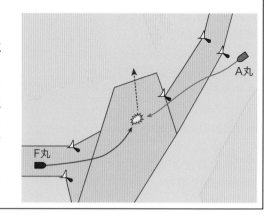

2. 並列航行禁止（第13条第2項）

航路内において，並列航行を禁止する規定である。

狭く，かつ，船舶交通が輻輳している航路内で，2隻以上の船舶が並列して航行することは，この2船間に接触の危険があるとともに，反航する他の船舶にとっても危険な状態となる。

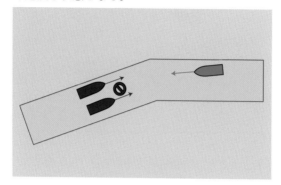

図3-14　並列航行禁止

3. 行き会うときの右側航行（第13条第3項）

航路内における右側航行の原則を示している。右側航行は，航法の原則として海上衝突予防法第9条，第14条，第19条に規定されている。同法第9条では狭い水道等における航法として「安全であり，かつ，実行に適する限り」常に右側端に寄って航行することを定めているが，本港則法第13条第3項では航路幅が狭いため「航路内において，他の船舶と行き会うとき」は右側を航行することとしている。すなわち，**他船と行き会うときでない場合は，航路中央を航行してもよいとしている。**

41

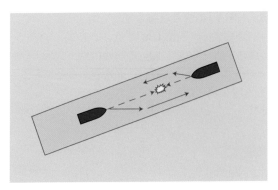

図3-15　行き会うときの右側航行

【衝突事例】

＜航路内を行き会うときの右側航行＞港則法第13条第3項

　夜間，関門航路の中央を約2ノットで西航する総トン数1,380トンの貨物船P号は，衝突の4分前頃，正船首やや左，約1.5マイルに，同航路の中央やや右寄りを約10ノット東航するK丸の白・白・紅・緑を初認した。

　同じ頃，右舷前方150mと200mにいずれも航路の中央から右に100m足らずのところを同航する2隻の小型船に追越しの態勢で接近中であった。速やかに航路の右側につくように大きく右転する必要があったが，K丸がそのうち航路の右舷側につくものと思い，そのまま続航した。

　その後，K丸も含めた3船を右にかわそうとして左転中，K丸の右転に気づき，機関停止に続いて全速後進を令したが，効果なく衝突した。

　両船が航路内で行き会うときは，P号が速やかに**航路の右側につかなかったこと**が主因，K丸が，航路の右側に十分につかなかったことが一因と裁決された。

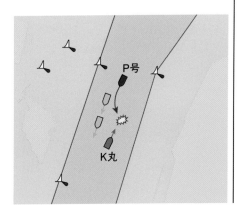

港則法第 13 条第 3 項の規定，航路内で行き会うときの右側航行であるとともに，施行規則第 38 条第 1 項第 1 号には，航行する汽船はできる限り，航路の右側を航行することと，規定されている。

【衝突事例】

<航路内を行き会うときの右側航行>港則法第 13 条第 3 項

　総トン数 1,911 トンの K 丸は，衝突の約 11 分前室蘭航路に入り，同航路の中央少し左寄りを航行中，衝突の約 8 分前，左舷船首 1.6 マイルの防波堤の内側に総トン数 997 トンの N 丸の白・白・緑 3 灯を視認し，出航船と思い，衝突の約 3 分前に半速としたところ，ほぼ正船首 1,000 m で出航する態勢となったのを知り，その頃自船は右寄りを航行しているので，N 丸が右転するものと思っていたところ，同船に右転の気配が見られず，衝突の 1 分前 500 m に接近したので，右舵一杯とした。一方，N 丸は，衝突の約 8 分前，右舷船首 1.6 マイルに入航中の K 丸を認め，衝突の約 5 分前，徐々に右転して航路に入り，衝突の約 3 分前防波堤の入口を通過して航路に沿う針路とし，K 丸を正船首に見るようになったが，自船が航路の左にいることに気づかず，衝突の 2 分前 K 丸の発した閃光 1 回を 2 回と見誤って左舵を取り，衝突した。

　両船が室蘭港の航路内で行きあう場合，第 13 条第 3 項を適用し，いずれも早めに航路の右側につかなかったことを原因とした。

　法第 15 条の「防波堤入口付近の航法」を適用するのは適当でないとしており，その理由として，衝突地点が防波堤から 450 m 外側であるからとしている。

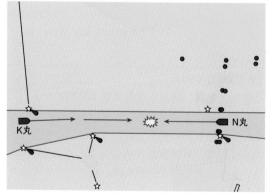

4. 追越し禁止（第13条第4項）

　航路内における追越しの禁止を規定している。海上衝突予防法では，狭い水道等においても原則的には追越しを禁止しておらず，追い越される船舶の協力動作及び信号について規定している。(海上衝突予防法第9条第4項)

　港則法で定める航路は，航路幅が狭く，周辺に防波堤等の構造物があったり，航路を離れると周辺には浅瀬があったり，地形的な制約がある上に船舶交通が輻輳している。このため，追越しを認めると，衝突や座礁等の危険が増すため，これを禁止している。

　なお，「追越し」とは，海上衝突予防法第13条で規定する他の船舶の正横後22度30分（2点）を超える後方の位置，夜間であれば他船のいずれの舷灯も見ることができない位置から，その船舶を追い越すことを言う。

　また，海上衝突予防法第13条第3項の「自船が追越し船であるかどうかを確かめることができない場合は，追越し船であると判断しなければならない。」という規定は，港則法においても適用される。

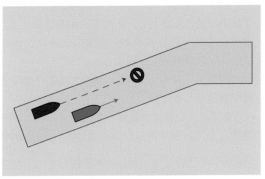

図3-16　航路内追越し禁止

【衝突事例】

＜航路内追越し禁止＞港則法第13条第4項

　夜間，総トン数8,229トンのK丸は約13ノットの全速力で関門航路を西航中，衝突の約6.5分前頃，ほぼ同針路で，約11.5ノットで航行中の液化石油ガス運搬船T丸の船尾灯を正船首少し右300mに視認するようになり，同船の左舷側を追い越すこととなったが，逆潮流が強く，同船との速力差も小さく，かつ，地理的に水路幅が次第に狭くなっているうえ，

第3章　航路及び航法（第13条）

前路の見通しが困難で，門司埼西方からの東航船の動静を把握できない水域にさしかかる状況であった。

　このような場合，K丸は追越しを中止すべきであったが，関門橋に達するまでにはどうにか追い越せるものと軽信し，そのまま続航して衝突の3.5分前，船首がT丸の船尾と約60mで並行したとき，左舷船首ほぼ3度1,800mに東航する小型船（総トン数約500トン）とその後方200m位に大型船（総トン数約10,000トン）の白・白・緑3灯をそれぞれ視認し，間もなくこれら東航船がいずれも両舷灯を表示し，ほとんど真向いで行きあう態勢となった。

　K丸は衝突の2分前頃，小型船とは互いに左舷を対して無難に航過したが，大型船が紅灯を表示したことを認め，衝突1.5分前頃，大型船がほぼ正船首約300mに接近したので，不安を感じ，右舷側60mで追越し中のT丸の動向に注意しないで，機関を8ノットの微速力に減じ，衝突の1分前に右舵をとり，T丸の前路に向けて進行し，大型船と左舷を対して航過したので直ちに原針路に戻そうと左舵を命じたところ，右舷船首部にT丸の左舷船首がK丸の右舷中央部付近に後方から衝突した。

　港則法施行規則第38条第2項に航路で追越すことができる特定航法が規定されているが，

(1) 当該追い越される船舶が自船を安全に通過させるための動作をとることを必要としないとき

(2) **自船以外の船舶の進路を安全に避けられるとき**

という条件がついており，本件は，**追越しができるとはいえない状況で**あった。

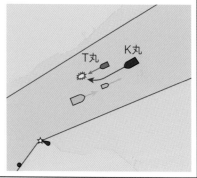

第14条　航路外待機の指示

> **第14条**　港長は，地形，潮流その他の自然的条件及び船舶交通の状況を勘案して，航路を航行する船舶の航行に危険を生ずるおそれのあるものとして航路ごとに国土交通省令[1]で定める場合において，航路を航行し，又は航行しようとする船舶の危険を防止するため必要があると認めるときは，当該船舶に対し，国土交通省令で定めるところにより，当該危険を防止するため必要な間航路外で待機すべき旨を指示することができる。

1）則第8条の2

　近年，我が国主要港，東京湾，伊勢湾及び大阪湾を含む瀬戸内海における船舶交通の輻輳化，船舶の大型化及び高速化，危険物積載船の増加など船舶交通の情勢の変化が著しいことから，平成22年の改正で新設された条文である。

**　自然的条件や船舶交通の状況による航路航行船の危険防止のため，港長が，当該船舶に対し必要な間，航路外での待機を指示することができる規定である。**

　＊港長は次に掲げる場合（国土交通省令：港則法施行規則第8条の2），航路航行船の航行に危険を生ずるおそれがあるとして，必要な間，航路外待機を指示することができる。

（則第8条の2）

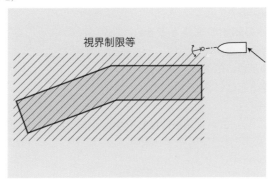

視界制限等

図3-17　航路外待機の指示

　法第14条の規定による指示は，次の表の上欄に掲げる航路ごとに，同表の下欄に掲げる場合において，海上保安庁長官が告示で定めるところにより，

VHF 無線電話その他の適切な方法により行うものとする。

表 3-2　航路外待機を指示する場合

航　路		危険を生ずるおそれのある場合
仙台塩釜港港航路		視程が 500 メートル以下の状態で，総トン数 500 トン以上の船舶が航路を航行する場合
京浜港横浜航路		船舶の円滑な航行を妨げる停留その他の行為をしている船舶と航路を航行する長さ 50 メートル以上の他の船舶（総トン数 500 トン未満の船舶を除く。）との間に安全な間隔を確保することが困難となるおそれがある場合
関門港	関門航路	次の各号のいずれかに該当する場合 一　視程が 500 メートル以下の状態である場合 二　早鞆瀬戸において潮流をさかのぼって航路を航行する船舶が潮流の速度に 4 ノットを加えた速力（対水速力をいう。以下この表及び第 38 条において同じ。）以上の速力を保つことができずに航行するおそれがある場合
	関門第二航路，砂津航路，戸畑航路，若松航路，奥洞海航路，安瀬航路 →　視程が 500 メートル以下の状態である場合	

第 15 条　防波堤入口付近の航法

> **第 15 条**　汽船が港の防波堤の入口又は入口附近で他の汽船と出会う虞のあるときは，入航する汽船は，防波堤の外で出航する汽船の進路を避けなければならない。

1. 防波堤入口付近の航法（出船優先の航法）

　港の防波堤入口付近で汽船が互いに出会うおそれのある場合，防波堤の入口を一方通航として出船優先とする規定である。港の防波堤入口及びその付近は，防波堤により水路の幅が狭められており，出入りする船舶が輻輳しているため，通航船舶が出会うおそれが多い。また，防波堤等の影響で複雑な潮流が生じやすい。これらのため，衝突事故を起こす可能性が高いので，比較的操縦性能が良い汽船に対して，互いに出会うおそれのある場合は，基本的に一方通航とし，**広い水域を確保しやすい入航船を防波堤外に待機させ，**まず出航船を外に出して港内を少しでも広くしてから，入航船を入航させるように規定している。

　「汽船」とは，海上衝突予防法第 3 条第 2 項に定める「動力船」のことを指す。機関を用いて推進する船舶（機関のほか帆を用いて推進する船舶であって帆のみを用いて推進している船舶を除く）のことである。

　「防波堤の入口付近」とは，入口の幅，出会う船舶の大きさ，付近の水深

等が様々であることから，一概に定めることは困難である。防波堤の外側及び内側において汽船が出会うおそれのある場合，一方が避航すれば安全に入口を航過することができる程度の余裕をもった広さとすべきである。

「出会う虞がある」とは，行き会って出会うおそれ，又は横切って出会うおそれがある状態を言う。2隻の汽船がまだ接近していない状態でも，その後両船の動静を考えた場合，出会うおそれがあると判断されれば本条が適用される。また，海上衝突予防法第7条第5項は「船舶は，他の船舶と衝突するおそれがあるかどうか確かめることができない場合は，これと衝突するおそれがあると判断しなければならない。」と規定しており，これが適用される。

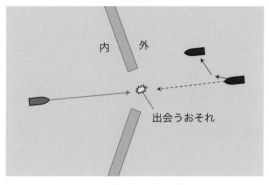

図 3-18　防波堤入口付近の航法（1）

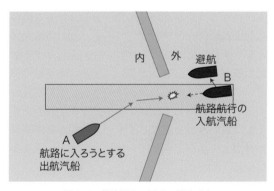

図 3-19　防波堤入口付近の航法（2）

　図3-19は航路に入ろうとしている出航船Aと，航路航行船であり，かつ，入航船である船舶Bとの関係を示している。この場合は，港則法第13条第

1項を適用すれば，A船が避航船となる。本第15条を適用すれば，逆にB船が避航船となる。防波堤入口付近の航路は航路全体の一部分であり，航路全体の航法を一般的に規定している第13条第1項に対して本第15条はその一部分を含む水域を指定して，特別な航法を規定している。従って**特別法優先の原則に従い本第15条が適用される**ことになる。すなわち，B船が避航船となり，B船は防波堤入口手前でA船の出航を待つこととなる。

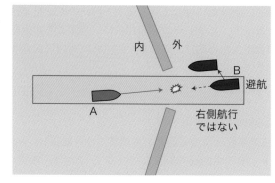

図3-20　防波堤入口付近の航法 (3)

図3-20は航路航行船同士の入航船と出航船との関係を示している。この場合は，港則法第13条第3項を適用すれば，AB両船が行き会うときに相互に右側航行で航過すればよいことになるが，本第15条を適用すれば，B船が避航することになる。図3-19と同様に，特別法が一般法に優先するという原則に従ってB船が避航すべきである。

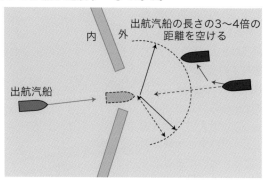

図3-21　防波堤入口付近の航法 (4)

　「防波堤の外で出航する汽船の進路を避ける」とは，入航する汽船と出航する汽船の航法については，具体的に定められていないが，**出航船が安全に航行できるように**，防波堤の入口付近の外側で出航船と出会うおそれが生じない水域で，投錨するか，停留するか，又は航行して**待機すべきである**。待機すべき場所は，出航船が防波堤入口をかわって自由な方向に変針し航行できると言われている**出航船の長さの3〜4倍程度**，防波堤入口から離れた場所となる。なお，出航船に対して海上衝突予防法の航法を適用しても入航船が避航船となるよう，出航船の針路の左舷に位置する方が良い。また，入航船は船首を防波堤入口に向けることなく，直ちに入口に向かう意思がないことを明確にする方が良い。

【衝突事例】

＜出船優先＞港則法第15条

　昼間，釧路港東区北防波堤西方の港外錨泊地を抜錨し，航路に向けて速力5.5ノットで南下中の総トン数995トンのN丸は，衝突の7分前頃，左舷船尾1,520mに港内を南下する漁船M丸（総トン数254トン）を初めて認め，やがて徐々に左転しながら航路に入り，航路に沿う針路に定針したときM丸が出航船であることに気づき，いったん機関を停止した。

　N丸は出航するM丸とは，防波堤入口付近で出会うおそれがあったが，自船が航路航行の優先権があるので，航路外のM丸が避航するものと思い誤り，衝突の4分前頃再び機関を5.5ノットの極微速力とした。衝突の1分少し前に両船間の距離250mで航路の北側境界線を横切って航路に入ったM丸と互いに衝突の危険を感じ，それぞれ避航措置をとったが及ばず，防波堤入口の内側約130mの航路内で衝突した。

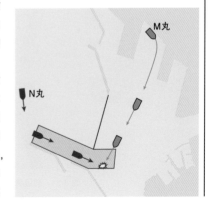

　港則法第15条は，防波堤入口付近に航路が設けられている本件のような場合でも，防波堤入口又は入口付近が航路のうちの特定な水域での特別な航法を定めたものであるから，同法第13条第1項の航路全体についての航法を定めた一般的な航法に

優先して適用されるものとして，入航する**N丸が防波堤外で出航するM丸の進路を避けなかったこと**を主因，M丸が警告信号を行わなかったことを一因と裁決された。

　本件では，N丸が港則法第13条第1項に規定する航路航行船優先が適用されると誤って考えていた。

第16条　速力制限等

> **第16条**　船舶は，港内及び港の境界附近においては，他の船舶に危険を及ぼさないような速力で航行しなければならない。
> 2　帆船は，港内では，帆を減じ又は引船を用いて航行しなければならない。

　狭い水域に多くの船舶が輻輳している港内及びその付近において，自船及び他船の事故を防止するための規定である。

1. 速力制限（第1項）

　第1項は，港内及び港の境界附近の狭い水域において高速で航行した場合，避航動作が遅れる危険，航走波等の影響により航行中及び荷役中の船舶や艀（はしけ）を動揺させる危険，係留中の船舶の係留索を切断する危険を生じさせる可能性があるので，適切な速力で航行することを義務付けている。なお，対象となる「船舶」は全ての船舶であって，汽船に限らず，帆船を含めた全ての船舶である。

2. 減帆又は曳航（第2項）

　第2項の規定は，汽船よりも操縦性能が悪く，常に変化する風によって航行する帆船は，他の船舶に対して危険を及ぼすので，特に適切な速力で航行するために帆を減ずること，又は引船を用いて曳航することを規定している。

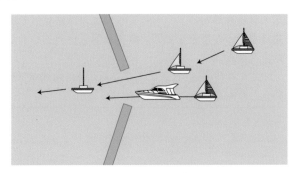

図 3-22　帆船の減帆

　「港の境界付近」とは，港の境界線（港界：ハーバー・リミット）よりも外側の区域で，港内の船舶に影響を与える水域をいう。また，その範囲は船舶の大きさや船型などにより異なるので一律には決められない。港内の船舶に影響を与える範囲と考え，船舶が高速で航行することで発生する航走波によって，港内で航行・停泊している船舶が動揺するなどの影響を及ぼす範囲である。

　「危険を及ぼさないような速力」とは，地形，船型，船舶の大きさ，船舶交通の輻輳状況，自船及び周囲の状況などによって異なり，速力の具体的な数値は決められない。以下の事項を考慮して速力を決定すべきである。

1) 船舶が高速力で航行することによって生ずる航走波により他船の舵が取られるなど，他船の操船に影響を与える危険

2) 船舶が高速力で航行することによって生ずる航走波の衝撃により，他船の船体，積荷に損傷を生じさせる危険

3) 船舶が高速力で航行することによって生ずる航走波の衝撃により，他の停泊船の係留索が切断される危険，及び係留索が切断されて漂流し，その他の船舶又は岸壁と衝突する危険

4) 自船の操縦の自由を失う程度の極端な低速力で航行することにより，他船に不安を与えること

　「帆船」とは，帆のみを用いて推進する船舶及び機関のほか帆を用いて推進する船舶であって，帆のみを用いて推進しているものを言う。

　「引船」とは，船舶その他の物件を引いている状態にある船舶をいう。曳航を業務とする船舶（タグボートなど）のみを指すものではない。

第17条　工作物の突端付近等の航法

> **第17条**　船舶は，港内においては，防波堤，ふとうその他の工作物の突端又は停泊船舶を右げんに見て航行するときは，できるだけこれに近寄り，左げんに見て航行するときは，できるだけこれに遠ざかって航行しなければならない。

（右小回り，左大回りの航法）

　右側通航（左舷対左舷航過）**の原則に従った航法である。**港内における見通しの悪い場所である防波堤，埠頭その他の工作物のある突端又は停泊船の付近において，船舶が出合いがしらに衝突しないよう互いに安全に航過できるように，又はたとえ衝突のおそれの見合い関係が生じても，時間的・距離的な余裕が確保でき，十分に余裕のある時機に避航動作がとれるように規定している。

　この規定は見通しの悪い場所において，あらかじめ船舶の衝突する危険が生じないような状況を作ることを目的としている。本規定に従っても衝突のおそれが生じた場合には，海上衝突予防法又は本港則法の他の航法規定に従った所要の動作をとる必要がある。なお，一般に「右小回り，左大回りの航法」と呼ばれている。

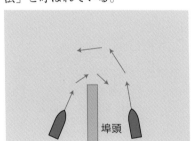 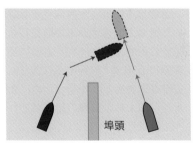

図3-23　工作物の突端付近の航法（1）

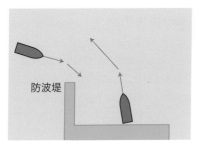

図 3-24　工作物の突端付近の航法（2）

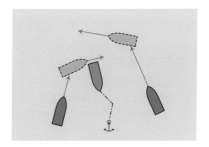

図 3-25　停泊船付近の航法

【衝突事例】

＜右小回り，左大回り＞港則法第 17 条

　昼間，総トン数 99 トンの貨物船 D 丸は，神戸港第 3 突堤を左に見ながら同突堤に近寄る針路で機関を約 5 ノットの全速力前進で航行した。衝突の 1 分前に同突堤の南西端を左舷約 30 m 離して左舵をとり，神戸大橋の水路の右側に向かう針路とし，衝突 0.5 分前左舷 125 m のところに，同突堤南東端至近距離に突堤の陰から現れた引き船 H 丸が機関を約 9 ノットの全速力で南下して来たのを初めて認めた。H 丸が避航するものと思い，そのまま続航し，第 3 突堤南端から約 100 m の地点で衝突した。

　本件は，D 丸が左舷に見る突堤端にできるだけ遠ざかって航行しなかったことを主因，H 丸が右舷に見る突端に近寄って航行するにあたり，安全な速力としなかったため，衝突を避けるための臨機の措置がとれなかったことを一因としている。

　D 丸は港則法第 17 条の規定を理解しておらず，海上衝突予防法第 15 条の横切り船の航法が適用されると考えていた。

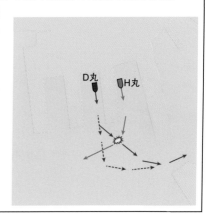

第18条 汽艇等の航法

> **第18条** 汽艇等は，港内においては，汽艇等以外の船舶の進路を避けなければ
> ならない。
> 2 総トン数が 500 トンを超えない範囲内において国土交通省令[1]の定めるトン
> 数以下である船舶であって汽艇等以外のもの（以下「小型船」という。）は，
> 国土交通省令の定める船舶交通が著しく混雑する特定港内においては，小型船
> 及び汽艇等以外の船舶の進路を避けなければならない。
> 3 小型船及び汽艇等以外の船舶は，前項の特定港内を航行するときは，国土交
> 通省令[2]の定める様式の標識をマストに見やすいように掲げなければならない。

[1] 則第 8 条の 2，第 8 条の 3
[2] 則第 8 条の 4

1) 港内において，汽艇等は汽艇等以外の船舶の進路を避けなければならない。
2) 国土交通省令の定める船舶交通が著しく混雑する特定港（千葉港，京浜港，
   名古屋港，四日市港，阪神港，関門港の 6 港）において，総トン数 500 トン（関門
   港は 300 トン）以下の小型船は，小型船及び汽艇等以外の船舶の進路を避け
   なければならない。
3) 小型船及び汽艇等以外の船舶は，上記の特定港内を航行するときは，標
   識（国際信号旗の数字旗 1）を掲げなければならない。
   上記 3 点を規定している。

　船舶間の避航・保持の航法規定は，海上衝突予防法及び本法の第 13 条第
1 項（航路航行船の優先），第 15 条（防波堤入口付近の航法）に規定されているが，
これらの規定だけでは十分ではない。そこで，主として港内で活動し，港内
事情に詳しい汽艇等については，航路航行義務が課せられておらず，航路及
びその付近の航行上の制約がなく，また一般的に操船も容易である。これら
のことから，汽艇等に対して汽艇等以外の船舶を避航する義務を課している。
一方，国土交通省令の定める船舶交通が著しく混雑する特定港では，汽艇等
以外の 500 トン（関門港では 300 トン）以下の小型船についても，操船の容易
性を勘案して小型船及び汽艇等以外の船舶の進路を避けなければならないこ
ととしている。なお，避航義務の適用の際に船舶間の認識の不一致を避ける
ために，小型船及び汽艇等以外の船舶に掲げる標識（国際信号旗の数字旗 1）を

定めている。

1. 汽艇等の避航義務（第18条第1項）

　汽艇等は，港内では常に汽艇等以外の船舶に対して避航義務を負うので，避航の際は，船舶交通が輻輳する狭い水域であることを考慮し，汽艇等以外の船舶に対して疑念を与えないように，速力に留意し，できる限り早期に，かつ大幅に行わなければならない。一方，汽艇等以外の船舶は他船が汽艇等かどうかの判断を誤らないように注意し，保持船としての航法を行わなければならない。

　「港内」とは，港の区域（施行令第1条・別表1）に示される港界（ハーバーリミット）を示す。なお，この規定は全ての港則法の適用港に適用される。

（1）海上衝突予防法「行会い船の航法」などとの優先関係（第18条第1項）

　港則法第18条第1項の規定は，海上衝突予防法の「行会い船の航法」，「横切り船の航法」，「追越し船の航法」に優先して適用される。

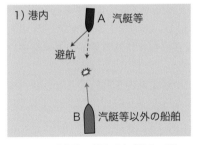

図3-26　汽艇等の航法（1）「行会い船」

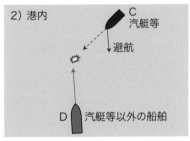

図3-27　汽艇等の航法（2）「横切り船」

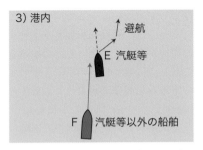

図3-28　汽艇等の航法（3）「追越し船」

1) 汽艇等 A（汽船）と汽艇等以外の船舶 B が，行会いの状況になっているが，港内では，海上衝突予防法第 14 条の「行会い船の航法」は適用されず，**港則法第 18 条の規定により**，汽艇等 A が汽艇等以外の船舶 B を避航する。

2) 汽艇等 C（汽船）と汽艇等以外の船舶 D が，横切り関係の状況になっているが，港内では，海上衝突予防法第 15 条の「横切り船の航法」は適用されず，**港則法第 18 条の規定により**，汽艇等 C が汽艇等以外の船舶 D を避航する。

3) 汽艇等以外の船舶 F が汽艇等 E（汽船）を追い越す場合であるが，港内では海上衝突予防法第 13 条の「追越し船の航法」は適用されず，**港則法第 18 条の規定により**，追い越される汽艇等 E が汽艇等以外の船舶 F を避航する。

(2) 港則法第 13 条第 1 項「航路航行船優先」に優先（第 18 条第 1 項）

港則法第 18 条「汽艇等の避航義務」は港内全域に適用される。一方，第 13 条第 1 項は港の航路及びその付近に適用される。

適用船舶について，第 18 条第 1 項では「汽艇等」対「汽艇等以外の船舶」という異なる船舶の間に適用される。これに対して第 13 条第 1 項は「船舶」対「船舶」の規定であり，全ての船舶に適用される。

港則法第 18 条第 1 項と第 13 条第 1 項とでは，港則法の目的から，より安全を確保するために船舶の操船の容易さなどを考慮した規定であり，船舶の種類の異なる船舶の間の航法規定を定めた**第 18 条第 1 項が，第 13 条第 1 項に優先する**。

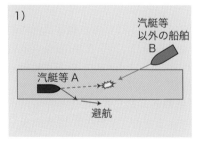

図 3-29　汽艇等の航法（4）「航路航行船」

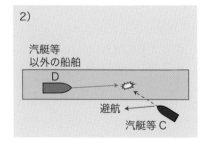

図 3-30　汽艇等の航法（5）「航路航行船」

1) 航路航行中の汽艇等 A と航路外から航路に入ろうとする汽艇等以外の船舶 B との航法は，港則法第 13 条第 1 項の規定ではなく，**第 18 条第 1 項**

の規定により，航路航行中の汽艇等 A が航路に入ろうとしている汽艇等以外の船舶 B を避航する。

2) 航路外から航路に入ろうとする汽艇等 C と航路航行中の汽艇等以外の船舶 D との航法は，港則法第 13 条第 1 項の規定ではなく，**第 18 条第 1 項の規定により**，航路外から航路に入ろうとする汽艇等 C が航路航行中の汽艇等以外の船舶 D を避航する。

(3) 港則法第 15 条「防波堤入口付近の航法」に優先（第 18 条第 1 項）

港則法第 15 条は，防波堤入口付近という特別な水域において，「汽船」対「汽船」の航法を規定している。一方，第 18 条第 1 項では「汽艇等」対「汽艇等以外の船舶」という異なる船舶の間に適用される。(2) 同様に港則法第 15 条と第 18 条第 1 項では，港則法の目的から，安全を確保するために船舶の操船の容易さなどを考慮した規定であり，種類の異なる船舶間の航法規定を定めた**第 18 条第 1 項**が，**第 15 条に優先する**。

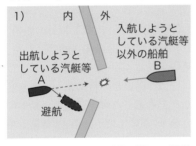
図 3-31　汽艇等の航法 (6)「防波堤入口付近」

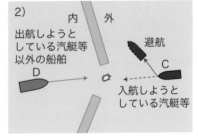
図 3-32　汽艇等の航法 (7)「防波堤入口付近」

1) 出航しようとしている汽艇等 A と入航しようとしている汽艇等以外の船舶 B が防波堤入口付近で出会うおそれがある場合，港則法第 15 条の規定ではなく，**第 18 条第 1 項の規定により**，出航しようとしている汽艇等 A は入航しようとしている汽艇等以外の船舶 B を避航しなければならない。

2) 出航しようとしている汽艇等以外の船舶 D と入航しようとしている汽艇等 C が防波堤入口付近で出会うおそれがある場合，港則法第 15 条の規定ではなく，**第 18 条第 1 項の規定により**，入航しようとしている汽艇等 C は出航しようとしている汽艇等以外の船舶 D を避航しなければならない。

2. 小型船の避航義務（第 18 条第 2 項）

　特定港の中でも特に船舶交通の輻輳する「国土交通省令の定める船舶交通が著しく混雑する特定港」（6 港：千葉港，京浜港，名古屋港，四日市港，阪神港，関門港）においては，第 1 項（汽艇等の避航義務）だけでは安全の確保が難しいことから，汽艇等のほかに 500 トン（関門港は 300 トン）以下の「小型船」という概念を加え，**小型船が小型船及び汽艇等以外の船舶を避航することを規定している。**

(1) 小型船の避航義務規定の適用範囲（第 18 条第 2 項）

　「総トン数が 500 トンを超えない範囲内において国土交通省令で定めるトン数以下である船舶であって汽艇等以外のもの（「小型船」という）」及び「国土交通省令で定める船舶交通が著しく混雑する特定港」は，表 3-3 に示すトン数であり，特定港である。

表 3-3　特定港及び小型船の範囲

命令の定める船舶交通が著しく混雑する特定港	小型船の範囲
千葉港	総トン数 500 トン以下（汽艇等以外）
京浜港	
名古屋港	
四日市港（第 1 航路及び午起航路に限る）	
阪神港（尼崎西宮芦屋区を除く）	
関門港（響新港区を除く）	総トン数 300 トン以下（汽艇等以外）

　小型船は，上記 6 特定港においては船舶交通が輻輳していることを考慮し，小型船及び汽艇等以外の船舶に不安を与えないように，速力に留意し，狭い水域であることを勘案してできる限り早期に，かつ大幅に避航動作をとらなければならない。一方，小型船及び汽艇等以外の船舶は，保持船としての航法を行わなければならない。

(2) 海上衝突予防法の「行会い船の航法」などに優先

　港則法第 18 条第 2 項の規定は，海上衝突予防法の「行会い船の航法」，「横切り船の航法」，「追越し船の航法」に優先して適用される（6 港：千葉港，京浜港，名古屋港，四日市港，阪神港，関門港）。

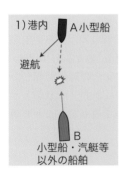
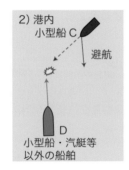
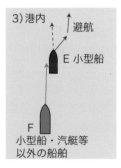

図3-33　小型船の航法（1）「行会い船，横切り船，追越し船」

1) 小型船Aと小型船及び汽艇等以外の船舶Bが，行会いの状況になっているが，港内では，海上衝突予防法第14条の「行会い船の航法」は適用されず，**港則法第18条の規定により**，小型船Aが小型船及び汽艇等以外の船舶Bを避航する。

2) 小型船Cと小型船及び汽艇等以外の船舶Dが，横切り関係の状況になっているが，港内では，海上衝突予防法第15条の「横切り船の航法」は適用されず，**港則法第18条の規定により**，小型船Cが小型船及び汽艇等以外の船舶Dを避航する。

3) 小型船及び汽艇等以外の船舶Fが小型船Eを追い越す場合であるが，港内では海上衝突予防法第13条の「追越し船の航法」は適用されず，**港則法第18条の規定により**，追い越される小型船Eが小型船及び汽艇等以外の船舶Fを避航する。

(3) 港則法第13条第1項「航路航行船優先」に優先

　港則法第18条第2項「小型船の航法」の規定は第13条第1項「航路航行船優先」の規定に優先する。

(4) 港則法第15条「防波堤入口付近の航法」に優先

　港則法第18条第2項「小型船の航法」の規定は第15条「防波堤入口付近の航法」の規定に優先する。

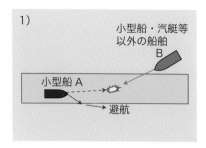
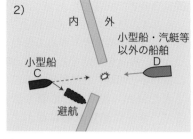

図3-34　小型船の航法（2）「航路航行船，防波堤入口付近」

1）航路航行中の小型船Aと航路外から航路に入ろうとする小型船及び汽艇等以外の船舶Bとの航法は，港則法第13条第1項の規定ではなく，**第18条第2項の規定により**，航路航行中の小型船Aが航路に入ろうとしている小型船及び汽艇等以外の船舶Bを避航する。

2）出航しようとしている小型船Cと入航しようとしている小型船及び汽艇等以外の船舶Dが防波堤入口付近で出会うおそれがある場合，港則法第15条の規定ではなく，**第18条第2項の規定により**，出航しようとしている小型船Cは入航しようとしている小型船及び汽艇等以外の船舶Dを避航しなければならない。

【衝突事例】

＜小型船の避航義務＞港則法第18条第2項

　昼間，総トン数2,516トンの貨物船H丸は，東京西航路を南下中，衝突の14分前頃左舷船首約1.8マイルのところに総トン数67トンの油送船K丸ほか2隻の小型の油送船が相前後して東京沖を南下しているのを初めて認めた。東京西航路を出たところで，国際信号旗数字旗1を降ろして航行した。

　衝突の9分前，3隻のうち2隻は方位変化があったが，中央付近を航行するK丸を左舷3点，ほぼ1マイルに見るようになり，その後同船の針路と小角度で交差し，その方位がほとんど変わらないまま接近し，衝突の5分前頃K丸がほぼ同方位。950mとなったが，同船の方位変化に留意してその動静を監視しなかったので，その針路が自船とほぼ平行で速力も遅く，このまま無難に追い越せるものと思い誤り，警告信号を行ってK丸に避航を促さず続行し，同船と至近距離に接近して避航措置をとったが

間に合わず，衝突した。

　Ｋ丸は，後方からＨ丸が南下中でその方位がほとんど変わらないまま接近し，衝突のおそれがある態勢であったが，見張り不十分で，これに気づかず，Ｈ丸の進路を避けることなく続行中，衝突の少し前に船首が左右に振れると同時に右舷船尾から迫ってきたＨ丸の船首波の影響も加わって，さらに船首が右に振れたＫ丸の右舷後部にＨの船首が衝突した。

　本件は，港則法第18条第２項が適用され，**小型船であるＫ丸が見張り不十分で，Ｈ丸の進路を避けなかったことを主因**，Ｈ丸が警告信号を行わず，衝突を避ける措置が適切でなかったことを一因と裁決された。

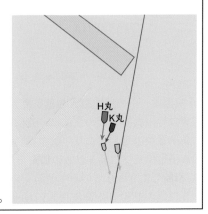

【衝突事例】

＜小型船と小型船及び汽艇等以外の船舶＞港則法第18条第２項適用せず

　夜間，関門橋を通過して関門航路を西航する総トン数99トンのＮ丸は航路の右側線上を航行し，衝突の２分前頃，航路の屈曲部に近づいたとき，航路を斜航する体制で接近する東航船と左舷を航過できるようになったと思い，針路を左転して巌流島灯台に向首し，航路の右側線から航路西方に出る針路として，後方の見張りを行わずに進行した。

　総トン数2,769トンの貨物船Ａ号は針路を220度に定め，航路中央線の右側を航路にそって西航したが，左舷船首に東航船の緑灯を認め，そのまま接近するその動静が気になり，右舷船首の同航するＮ丸とは無事に航過する状況であったので，同船の動静監視を続けなかった。

　衝突の１分前，Ａ号は屈曲点に達したが，東航船がなおも緑灯を表示して接近するので，そのまま直進し，衝突の0.5分前頃，左舷側近距離に接近した東航船が紅灯を示すようになったので，左舷を対して航過するものと思ったが，依然Ｎ丸に気づかず，東航船との航過距離を大きくするつもりで，右舵一杯を令して右回頭し，航路右側外を航行中のＮ丸と衝突した。本件は，Ａ号が衝突の0.5分前頃に東航船と無難に航過したが，

直ちに左転して航路に沿う針路に転ずることなく，右回頭して航路外を航行する小型船Ｎ丸の前路に進出し，衝突したものである。関門港において，小型船となるＮ丸はＡ号の進路を避けなければならないとする港則法第18条第2項の適用はなく，他に適用する航法がないので，船員の常務によって律するのが相当であるとして，**Ａ号が動静監視不十分で，Ｎ丸の前路に進出したことを主因，Ｎ丸が，見張り不十分で，警告信号を吹鳴せず，衝突を回避する措置をとらなかったことを一因**と裁決された。

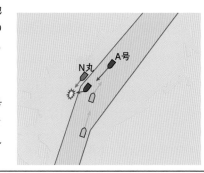

3. 小型船及び汽艇等以外の船舶の標識（第18条第3項）

「国土交通省令で定める船舶交通が著しく混雑する特定港」(6港) には，本条により汽艇等のほかに「小型船」という船舶の種類が設けられたので，規定の適用について，船舶間の認識の不一致を起こさないように，小型船及び汽艇等以外の船舶が掲げる標識を定めている。

「国土交通省令で定める様式の標識」は，**国際信号旗の数字旗1**である。(則第8条の4) 小型船及び汽艇等以外の船舶は，これら6特定港を航行するときには，数字旗1をマストに，見やすいように掲げなければならない。

【参考】

国際信号書に規定されている旗りゅう信号で，一字信号は文字旗が用いられており，数字旗の一字信号は砕氷船と被援助船用に数字旗4及び5が用いられている他は使用されていない。そこで数字旗の中から判別が容易であり，かつ，他の信号と誤認されるおそれがないとして数字旗1が選択された。

なお，夜間に小型船及び汽艇等以外の船舶が掲げる標識は規定されていない。これは，夜間は昼間に比べて船舶交通が輻輳しておらず，また，夜間の標識として有効な灯火を用いた場合，海上衝突予防法に規定する灯火と誤認されるおそれが生ずると考えたためである。

数字旗1

（小型船及び汽艇等以外の船舶）

図3-35　数字旗の掲揚（京浜港など6港）

第19条　特別の定め等

> **第19条**　国土交通大臣は，港内における地形，潮流その他の自然的条件により第13条第3項若しくは第4項，第15条又は第17条の規定によることが船舶交通の安全上著しい支障があると認めるときは，これらの規定にかかわらず，国土交通省令で当該港における航法に関して特別の定めをすることができる。
> **2**　第13条から前条までに定めるもののほか，国土交通大臣は，国土交通省令¹⁾で一定の港における航法に関して特別の定めをすることができる。

1）則第9条，第27条の3，第28条，第29条の2，第29条の4，第32条，第38条，第44条

　港内の航法について，個々の港に関してその自然的条件等により状況が異なることから，それぞれの**特別な航法を定めることができる**こととした規定である。

1. 特別の定め等（第1項）

　全国の港の中には，地形や潮流が複雑である所，航行水域の確保を特別に図る必要がある等，港の自然条件や船舶交通の実態から本法律で定める所定の航法によっては航行の安全が阻害され，又は所定の航法以外に更に特別な航法をとらせる必要がある場合などがあるので，この第19条により，省令で定めることができる。

　第19条第1項は，以下の特別な定めができる，と規定している。
1）第13条第3項（航路内で行会うときの右側航行）
2）第13条第4項（航路内の追い越し禁止）

3）第15条（防波堤入口付近の航法）

4）第17条（工作物の突端・停泊船舶付近における航法）

　これらの航法に関する特別な定めは，施行規則に特定航法として定められている。

(1) 第13条第3項（航路内で行会うときの右側航行）に対する特別の定め

1）名古屋港　東航路，西航路，北航路（則第29条の2第3項）

　総トン数500トン未満の船舶は，東航路，西航路及び北航路においては，航路の右側を航行しなければならない。

　東航路から北航路，又は西航路から北航路までは約8マイルと非常に長い航路であることから，航路内で行き会うことが多く，その度に右側航行することは，非効率であるとともに，航行の安全の観点からも問題である。また，船舶の出入りする岸壁が近くに存在する。これらの状況から船舶が航路内で行き会うときの安全を図るため，総トン数500トン未満の船舶に対して行き会う時だけでなく，常時右側航行をすることを規定している。

2）関門港　関門航路及び関門第2航路（則第38条第1項第1号）

　関門航路及び関門第2航路を航行する汽船は，**できる限り，航路の右側を航行すること。**

　関門航路及び関門第2航路は，曲がりくねった地形の関門海峡の東口と西口を結ぶ主航路であり，航路は長く，幅の狭いところ，湾曲していて見通しの悪いところがあり，また，航路の両側には船舶の出入りする港区がある上に，潮流が非常に強くなるなどの自然的条件が厳しいので，航路の船舶交通の安全を図るため，汽船が出会う時だけでなく，**常時できる限り航路の右側を航行**することを規定している。

3）関門港　若松航路・奥洞海航路（則第38条第1項第6号）

　若松航路及び奥洞海航路においては，総トン数500トン以上

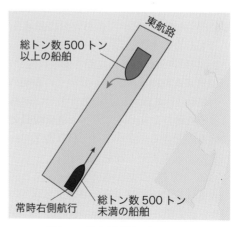

図3-36　常時右側航行（名古屋港）

の船舶は航路の中央を，その他の船舶は，**航路の右側を航行しなければならない**。

若松航路及び奥洞海航路は枝状に接続し，航路が長く，幅も狭い。さらに航路が屈曲しているなどの自然条件も厳しいので，総トン数500トン以上の船舶に対しては，常時航路の中央部を航行するように規定している。これは，港長が両航路において航行管制（法第36条の3）を行っているので，総トン数500トン以上の船舶が行き会うことがない。また，その他の船舶（総トン数500トン未満の船舶）に対しては，行き会う時だけでなく，**常時右側を航行する**ように規定している。

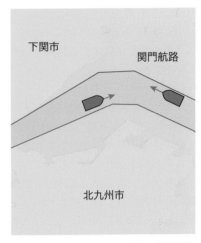

図 3-37　常時できる限り右側航行（関門港）

(2) 第13条第4項（航路内追越し禁止）に対する特別の定め

1）京浜港　東京西航路

（a）東京西航路の追越し （則第27条の2第1項）

　　船舶は，東京西航路において，周囲の状況を考慮し，次の各号のいずれにも該当する場合には，**他の船舶を追い越すことができる**。

1. 当該他の船舶が自船を安全に通過させるための動作をとることを必要としないとき。
2. 自船以外の船舶の進路を安全に避けられるとき。

→　東京西航路は航路幅が狭い上，船舶の往来が激しいところであり，追越し禁止（法第13条第4項）とすると，航路の船舶交通が輻輳し，渋滞してしまうため，危険が増すので，船舶交通の流れをスムーズにするために追い越しができる一定の要件を設けた上で，要件に合致した船舶は追い越しできることを規定している。

　　追い越すことができる要件として，追い越される船舶が協力動作をせずとも安全に追い越すことが規定されている。すなわち，海上衝突予防法第9条第4項に規定される「追い越される船舶が自船を安全に通過させるための動作をとらなければこれを追い越すことができない」場合には，追い

越すことはできない。

　また，もう一つの要件として，追越し船が追い越し中であっても追い越される船舶を含む他の船舶の進路を安全に避けられる状況でなければ，追い越しができないことを規定している。

(b) 東京西航路の追越し信号（則第 27 条の 2 第 2 項）

　前項の規定により汽船が他の船舶の右舷側を航行して追い越そうとするときは，汽笛又はサイレンをもって長音 1 回に引き続いて短音 1 回を，その左舷側を追い越そうとするときは，長音 1 回に引き続いて短音 2 回を吹き鳴らさなければならない。

・右舷追い越し……長音 1 回，短音 1 回（—　・）
・左舷追い越し……長音 1 回，短音 2 回（—　・　・）

→　追越し信号として，追い越される船舶のどちら側を追い越すかを示し，注意を喚起する信号を必ず行わなければならない。信号の方法は海上交通安全法第 6 条及び同施行規則第 5 条に規定されている信号と同じである。

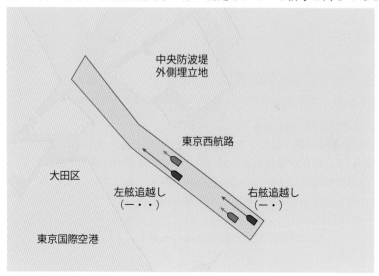

図 3-38　航路内追越し禁止に対する特別の定め（東京西航路）

2) 名古屋港　東航路・西航路（屈曲部を除く）・北航路（則第 29 条の 2 第 1 項）

　則第 27 条の 2 第 1 項及び第 2 項の規定（東京西航路の規定）は，名古屋港東航路，西航路（屈曲部*を除く）及び北航路において，船舶が他の船舶を追い

越そうとする場合に準用する。

*屈曲部とは西航路北側線西側屈曲点から135度に引いた線の両側それぞれ500メートル以内の部分をいう。

→　名古屋港の3航路について，東京西航路同様，一定の要件を満たした場合に追越しを認める規定である。追越しの際の信号も準用される。

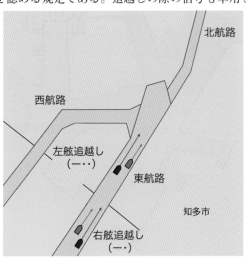

図3-39　航路内追越し禁止に対する特別の定め（名古屋港）

3）広島港　航路（則第35条）

則第27条の2第1項及び第2項の規定（東京西航路の規定）は，広島港　航路において，船舶が他の船舶を**追い越そう**とする場合に準用する。

→　広島港の航路について，東京西航路同様，一定の要件を満たした場合に追い越しを認める規定である。追い越しの際の信号も準用される。

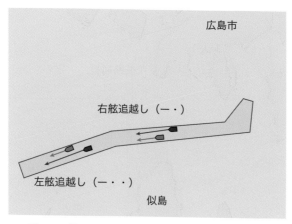

広島市

右舷追越し（ー・）

左舷追越し（ー・・）

似島

図 3-40　航路内追越し禁止に対する特別の定め（広島港）

4）関門港　関門航路（早鞆瀬戸水路を除く）

　則第 27 条の 2 第 1 項及び第 2 項の規定（東京西航路の規定）は，関門港，関門航路（早鞆瀬戸水路を除く）において，船舶が他の船舶を**追い越そうとする場合に準用する。**

→　関門港の関門航路（早鞆瀬戸水路*を除く）について，東京西航路同様，一定の要件を満たした場合に追い越しを認める規定である。追い越しの際の信号も準用される。

*早鞆瀬戸水路…関門橋西側線と火ノ山下潮流信号所から 130 度に引いた線との間の関門航路

→　早鞆瀬戸水路は，船舶の輻輳が激しい上，航路幅が狭く，潮流が速いとともに見通しが悪いという悪条件が重なっている。また，総トン数 100 トン未満の西航船が門司埼に近寄る特定航法があることなどから，船舶交通の安全をはかるために追越しが禁止されている。

第3章　航路及び航法（第19条）

69

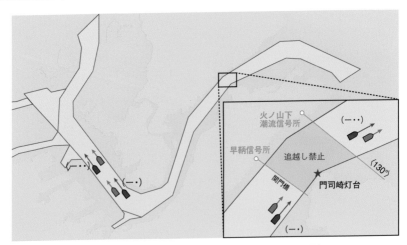

図 3-41　航路内追越し禁止に対する特別の定め（関門港）

(3)　第 15 条（防波堤出入り口付近の航法）に対する特別の定め

1）江名港及び中之作港（則第 22 条）

　汽船が江名港又は中之作港の防波堤入口又は入口付近で他の汽船と出会う
おそれのあるときは，出航する汽船は，**防波堤の内側で入航する汽船の進路
を避けなければならない**。

→　法第 15 条では出船優先の航法であり，入航船が避航船となって防波堤
　の外で出航船を避けなければならないのに対して，江名港及び中之作港の
　場合は，出航船が避航船となる。これは江名，中之作両港が，太平洋に面
　しているために荒天時に風浪の影響を受けやすく，また，防波堤の外には
　岩礁が散在しているなど自然的な条件が悪く，さらに小型の船舶が多いこ
　とから，入航船が防波堤の外で退避するのは，非常に危険であるために出
　航船が防波堤の内側で退避し，入航船を静かな港内に入れるようにしたも
　のである。

なお，現在法第 15 条に対する特別の定めは，この 2 港のみである。

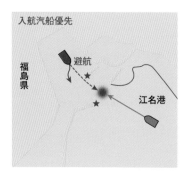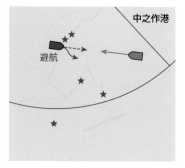

図3-42　防波堤出入り口付近の航法に対する特別の定め

(4) 第17条（工作物の突端・停泊船付近における航法）に対する特別の定め
　法第17条に対する特別の定めは，現在はない。

2. 特別の定め（第2項）
　第13条から第18条に定めるもののほか，国土交通大臣は国土交通省令で一定の港における**航法に特別の定め**をすることができる。
　第1項では，「地形，潮流その他の自然的条件により」と規定されているが，第2項ではその記述がない。また，第1項は，第13条第3項，第4項，第15条及び第17条に限定しているが，第2項は，第13条から第18条に定めるもののほか，と規定しているのみである。
　第2項の規定による特別の定めは，港則法施行規則に定められており，以下のとおりである。
(1) 特定港　曳航の制限（則第9条第1項）
(2) 京浜港　航行に関する注意（則第28条）
(3) 阪神港大阪区　河川運河水面における追越し信号（則第32条）
(4) 名古屋港　西航路屈曲部の出・入・横切りの禁止（則第29条の2第2項）
(5) 京浜港　京浜運河等における追越し禁止等（則第27条の3）
(6) 関門港　田野浦区から関門航路に入航する場合の航法（則第38条第1項第2号）
(7) 関門港　早鞆瀬戸の航行速力（則第38条第1項第5号）
(8) 航路航行船の航路接続部における優先関係の航法
　1) 名古屋港（則第29条の2第4項，第5項）

2）四日市港（則第29条の4）

3）博多港（則第44条）

4）関門港（則第38条第1項第7号，第8号，第9号，第10号，第11号）

(9) 進路の表示

(10) 縫航の制限

(11) 錨泊等の制限（那覇港等）

＊以下，(1) から (11) を個々に解説する。

(1) 特定港　曳航の制限（則第9条第1項）

1）船舶は，特定港内において，他の船舶その他の物件を引いて航海するときは，引船の船首から被えい物件の後端までの長さは200メートルを超えてはならない。

2）港長は，必要があるときは，前項の制限を更に強化することができる。

＊なお，あらかじめ港長の許可を受けた場合については，上記則第9条第1項の規定は，適用しない。（則第21条第2項）

→　特定港内における一般原則として，船舶は他の船舶，又は，筏（いかだ）その他の物件を引いて航行するときは，港長の許可がある場合を除いて，以下の制限に従わなければならない。なお，港長は必要があると認められるときは，この制限を強化することができる。

・引船の船首から被えい物件の後端まで（以下，「曳航船列」という）の長さは200メートルを超えてはならない。

　下表の港では，則第9条第1項の規定にかかわらず，港長の許可がある場合を除いて，下表中の制限を受ける。

表 3-3　曳航の制限

港の名称	適用水域	曳航物件	制限事項	適用条項（施行規則）
釧　路	東第 1 区	他の船舶その他の物件	・曳航船列の長さは 100 m を超えない ・被曳航船列の幅は 15 m を超えない	第21 条の 4
京　浜	東京区河川運河水面（第 1 区内の隅田川並びに荒川及び中川放水路水面を除く）	汽艇等	・曳航船列の長さは 150 m を超えない	第 27 条
	川崎第 1 区・横浜第 4 区	貨物を積載した汽艇等	・午前 7 時から日没までの間，貨物等を積載した汽艇等を曳航するときは曳航船列の長さは 150 m を超えない	
阪　神	大阪港河川運河水面（木津川運河水面を除く）	汽艇等	・曳航船列の長さは 120 m を超えない	第 31 条
	木津川運河水面		・曳航船列の長さは 80 m を超えない	
関　門	関門航路	汽艇等	1 縦船列	第 37 条

(2) 京浜港　航行に関する注意（則第 28 条）

　京浜運河から他の運河に入航し，又は他の運河から京浜運河に入航しようとする汽船は，京浜運河と当該他の運河との接続点の手前 150 メートルの地点に達したときは，汽笛又はサイレンをもって長音 1 回を吹き鳴らさなければならない。

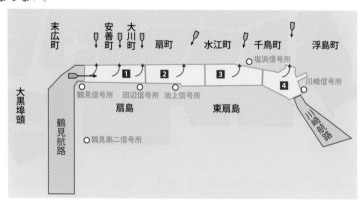

図 3-43　京浜港　航行に関する注意

京浜運河と他の運河との見通しの悪い場所において，自船の動作を他船に知らせ，注意喚起するためである。海上衝突予防法第34条第6項に規定されている狭い水道等における湾曲部その他の水域に接近する場合と同じ信号を定めている。**ただし，応答信号は定めていない。**

(3) 阪神港大阪区　河川運河水面における追越し信号（則第32条）

則第27条の2第2項（東京西航路の追越し信号の規定）の規定は，阪神港大阪区河川運河水面において，**汽船が他の船舶を追い越そうとする場合に準用する。**

→ 　この追越し信号は，「航路」以外の河川運河水面において規定している。大阪区の河川運河水面は，その幅が狭く，船舶の往来が激しいので船舶交通の安全のため，汽船が他の船舶を追い越そうとするときは，右側追い越しか，左側追い越しかを他の船舶に知らせ，注意を喚起するためである。

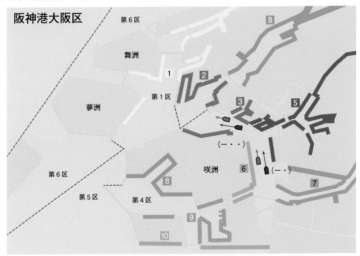

図3-44　阪神港大阪区　河川運河水面における追越し信号

(4) 名古屋港　西航路屈曲部の出・入・横切りの禁止（則第29条の2第2項）

船舶が第1項に規定する航路の部分（西航路屈曲部付近）を航行しているときは，その付近にある他の船舶は，航路外から航路に入り，航路から航路外に出，又は航路を横切って航行してはならない。

→ この特定航法は，航路航行船が名古屋港西航路の屈曲部を航路に沿って安全に変針して航行できるように，第13条第1項の航路航行船優先の規定をさらに強化し，航路への出・入・横切りを禁止したものである。

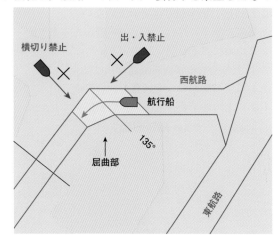

図 3-45　名古屋港　西航路屈曲部の出・入・横切りの禁止

(5) 京浜運河等における追越し禁止等（則第27条の3）

1）船舶は，川崎第1区及び横浜第4区においては，他の船舶を追い越してはならない。ただし，前条第1項中「東京西航路」とあるのを「川崎第1区及び横浜第4区」と読み替えて適用した場合に同項各号のいずれにも該当する場合は，この限りではない。

2）総トン数500トン以上の船舶は，京浜運河を通り抜けてはならない。

3）総トン数1,000トン以上の船舶は，塩浜信号所から239度30分1,100メートルの地点から152度に東扇島まで引いた線を超えて京浜運河を西行してはならない。

4）総トン数1,000トン以上の船舶は，京浜運河において，午前6時30分から午前9時までの間は，船首を回転してはならない。

＊ただし，あらかじめ港長の許可を受けた場合は，上記2項及び3項の規定は適用しない。（則第21条第2項）

→ 1）の規定は，京浜運河等を含む川崎第1区及び横浜第4区は，「航路」以外の水域であるが，船舶交通が輻輳する狭い水域であることから，原則

75

として航路と同様に，追い越し禁止とした。ただし，東京西航路と同様に2つの要件（①追い越す際に追い越される船舶の協力を必要としない，②自船以外の船舶の進路を安全に避けられる）に該当する場合は，追い越すことができると規定している。

また，京浜運河は狭く，付近に多くの岸壁があることから，船舶交通の安全を確保するために以下を規定している。

2）500トン以上の船舶の京浜運河通り抜け禁止

3）1,000トン以上の船舶の一定区間の西行禁止

4）1,000トン以上の船舶の一定時間の回頭禁止

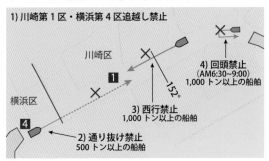

図3-46　京浜運河等における追越し禁止等

(6) 関門港　田野浦区から関門航路に入航する場合の航法（則第38条第1項第2号）

（1）田野浦区から関門航路に入ろうとする汽船は，門司埼灯台から67度1,980メートルの地点から321度30分に引いた線以東の航路から入航すること。

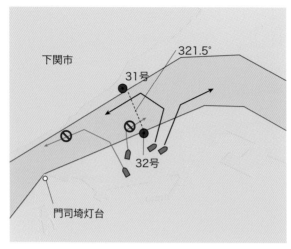

図 3-47　関門港　田野浦区から関門航路に入航する場合の航法

→　田野浦区から関門航路に入ろうとする汽船は第 32 号灯浮標よりも東側から入航しなければならないことを規定している。これは，関門航路の第 32 号灯浮標の西側は，狭く，湾曲しているとともに，潮流が強いこと，さらには船舶交通が輻輳することから，他船との危険な見合い関係を避けると同時に強潮流時の大角度の変針を避けることにより船舶の安全を確保するために規定されている。

(7) 関門港　早鞆瀬戸の航行速力（則第 38 条第 1 項第 5 号）

　潮流をさかのぼり，早鞆瀬戸を航行する汽船は，**潮流の速度に 4 ノットを加えた速力以上の速力を保つこと。**

→　潮流の強い早鞆瀬戸では，逆潮時に速力の遅い船舶が航行していると，航路の狭くて屈曲している同瀬戸で渋滞を引き起こすこととなって，船舶交通の安全が妨げられる。そこで，逆の流れを超えて 4 ノット以上の速力を維持できない船舶は，逆潮の弱くなる時機を選んで，同瀬戸を通航するようにしなければならない。

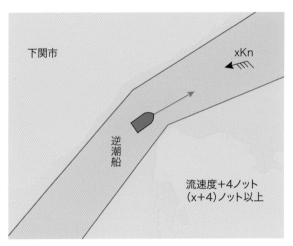

図 3-48　関門港　早鞆瀬戸の航行速力

(8) 航路航行船の航路接続部における優先関係の航法

1) 名古屋港（則第 29 条の 2 第 4 項，第 5 項）

a) 東航路を航行する船舶と西航路又は北航路を航行する船舶とが出会う
おそれのある場合は，西航路又は北航路を航行する船舶は，東航路を航
行する船舶の進路を避けなければならない。

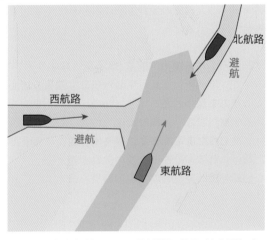

図 3-49　航路接続部における優先関係の航法（名古屋港-1）

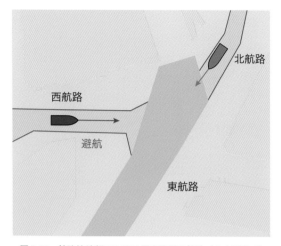

図 3-50　航路接続部における優先関係の航法（名古屋港-2）

 b）西航路を航行する船舶（西航路を航行して東航路に入った船舶を含む。）と北
 航路を航行する船舶（北航路を航行して東航路に入った船舶を含む。）とが東航
 路において出会うおそれがある場合は，西航路を航行する船舶は，北航
 路を航行する船舶の進路を避けなければならない。

→ 名古屋港における東航路，北航路及び西航路の3航路は，接続している
 ので，航路航行船は，他の2つの航路航行船の有無や動静に注意し，出会
 うおそれがある場合は，上記のとおり，①東航路，②北航路，③西航路
 の順に優先関係が規定されている。

2）四日市港（則第29条の4）

 四日市港において，第1航路を航行する船舶と午起航路を航行する船舶と
が出会うおそれのある場合は，午起航路を航行する船舶は，第1航路を航行
する船舶の進路を避けなければならない。

→ 第1航路優先を定めた規定である。両航路の接続から，防波堤入口付近
 の航法（出船優先）と逆に入船優先の形となる。

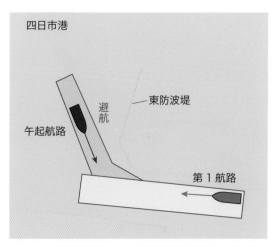

図 3-51　航路接続部における優先関係の航法（四日市港）

3）博多港（則第 44 条）

　博多港において，中央航路を航行する船舶と東航路を航行する船舶とが出会うおそれがある場合は，東航路を航行する船舶は，中央航路を航行する船舶の進路を避けなければならない。

→　中央航路優先を定めた規定である。

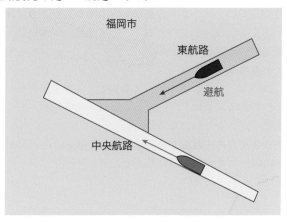

図 3-52　航路接続部における優先関係の航法（博多港）

4）関門港（則第 38 条第 1 項第 7 号，第 8 号，第 9 号，第 10 号，第 11 号）

a）関門航路を航行する船舶と砂津航路，戸畑航路，若松航路又は関門第 2 航路（以下，「砂津航路等」）を航行する船舶とが出会うおそれのある場合は，砂津航路等を航行する船舶は，関門航路を航行する船舶の進路を避けなければならない。

→　関門航路優先を規定している。主たる航路である関門航路は，枝状にのびる他の航路に優先する。

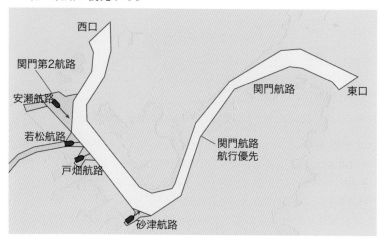

図 3-53　航路接続部における優先関係の航法（関門港-1）

b）関門第 2 航路を航行する船舶と安瀬航路を航行する船舶とが出会うおそれのある場合は，安瀬航路を航行する船舶は，関門第 2 航路を航行する船舶の進路を避けなければならない。

→　関門第 2 航路と安瀬航路とでは，関門第 2 航路が優先する。

c）関門第 2 航路を航行する船舶と若松航路を航行する船舶とが関門航路において出会うおそれのある場合は，若松航路を航行する船舶は，関門第 2 航路を航行する船舶の進路を避けなければならない。

→　関門第 2 航路と若松航路とでは，関門第 2 航路が優先する。

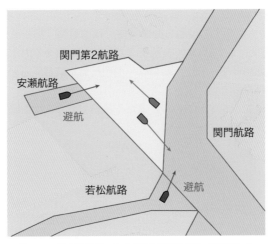

図 3-54　航路接続部における優先関係の航法（関門港-2）

d) 戸畑航路を航行する船舶と若松航路を航行する船舶とが関門航路において出会うおそれがある場合は，若松航路を航行する船舶は，戸畑航路を航行する船舶の進路を避けなければならない。

→ 戸畑航路と若松航路とでは，戸畑航路が優先する。

e) 若松航路を航行する船舶と奥洞海航路を航行する船舶とが出会うおそれのある場合は，奥洞海航路を航行する船舶は，若松航路を航行する船舶の進路を避けなければならない。

→ 若松航路と奥洞海航路では，若松航路が優先する。

第3章

航路及び航法（第19条）

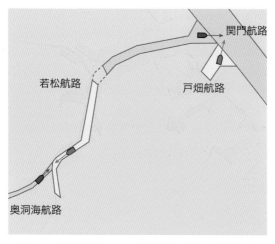

図 3-55　航路接続部における優先関係の航法（関門港-3）

(9) 進路の表示（則第 11 条）

1) AIS による進路情報の送信（則第 11 条第 1 項）

　船舶は，港内又は港の境界付近を航行するときは，進路を他の船舶に知らせるため，海上保安庁長官が告示で定める記号を，船舶自動識別装置の目的地に関する情報として**送信しなければならない**。ただし，船舶自動識別装置を備えていない場合及び船員法施行規則第 3 条の 16 但し書の規定により船舶自動識別装置を作動させない場合においては，この限りではない。

第 3 条の 16　船舶設備規程第 146 条の 29 の規定により船舶自動識別装置を備える船舶の船長は，当該船舶の航行中は，船舶自動識別装置を常時作動させておかなければならない。ただし，当該船舶が抑留され若しくは捕獲されるおそれがある場合その他の当該船舶の船長が航海の安全を確保するためやむを得ないと認める場合又は当該船舶が航海の目的，態様，運航体制等を勘案して船舶自動識別装置を常時作動させることが適当でないものとして国土交通大臣が告示で定める船舶に該当する場合については，この限りでない。

＊告示で定める AIS の目的地に関する情報として送信する記号

告示は「港則法施行規則第 11 条第 1 項の規定による進路を他の船舶に知らせるために船舶自動識別装置の目的地に関する情報として送信する記号」（平成 22 年海上保安庁告示第 94 号）である。

AIS の目的地に関する記号は，告示の別表第 1, 別表第 2 及び別表第 3 の 3 つに分けて定められている。

＊平成 22 年 7 月に港則法及び海上交通安全法の一部を改正する法律が施行されたことに伴い，AIS を活用した進路を知らせるための措置として，AIS の目的地情報の入力がルール化された。

①別表第 1　仕向港を示す記号

>JP　○○○　　○○／○○○　　　　（目的港が日本国内の場合）
　　①　　　　②　　③

表の中欄に掲げる港又は港内区域を仕向港とする場合の仕向港を示す記号は，「＞」と同表の右欄に掲げる記号とを組み合わせたものとする。

ただし，搭載している船舶自動識別装置の性能上「＞」を送信することが困難な場合にあっては，「TO」を付し，その後に一文字のスペースを空けることをもって代えることができるものとする。

別表第 1　仕向港を示す記号

都道府県	仕向港	港を示す記号
北海道	枝幸	JP　ESS
	雄武	JP　OUM
	紋別	JP　MBE
⋮	⋮	⋮
東京都・神奈川県	京浜東京区	JP　TYO
	京浜川崎区	JP　KWS
	京浜横浜区	JP　YOK
⋮	⋮	⋮

②別表第 2　仕向港での進路を示す記号

a) 仕向港での進路を示す記号は，次に掲げるものとする。

　　イ　仕向港の港内又は境界付近で錨泊しようとする場合にあっては「OFF」（ただし，当該錨泊しようとする錨地に向かって航行する進路が次の表の中欄に掲げられている場合にあっては，同表の右欄に掲げる進路を示す記号）

ロ　表の左欄に掲げる港 (全国で16港) を仕向港とし，同表の中欄に掲げる進路にしたがって同港を航行する場合にあっては，同表の右欄に掲げる進路を示す記号 (それ以外の進路にしたがって同港を航行する場合にあっては「XX」)

b)　a) の仕向港の進路を示す記号は，別表第1による仕向港を示す記号の後に一文字のスペースを空け，その後に付するものとする。ただし，次の表の左欄に掲げる港を仕向港とし，同港の港内又は境界付近で錨泊し，引き続いて同港を航行する場合にあっては，当該錨泊するまでの間はa) イの記号を，引き続いて同港を航行する時はa) ロの記号を，それぞれ付するものとする。

　　例えば，京浜港東京区を仕向港とし，晴海信号所から豊洲ふ頭北西端まで引いた線以東の係留施設に向かって航行する場合は，「>JP　TYO　T」となる。

別表第2　仕向港での進路を示す記号

港　名	仕向港での進路	進路を示す記号
釧　路	東区第1区の係留施設に向かって航行する。	1
	東区第2区の係留施設に向かって航行する。	2
	東区第3区の係留施設に向かって航行する。	3
	西区第1区の係留施設に向かって航行する。	4
	西区第2区の係留施設に向かって航行する。	5
⋮	⋮	⋮
京浜港東京区	晴海信号所から豊洲ふ頭北西端まで引いた線以東の係留施設に向かって航行する。	T
	有明ふ頭又は台場官庁船桟橋に向かって航行する。	A
	品川ふ頭に向かって航行する。	S
⋮	⋮	⋮

③別表第3　出発港又は通過港での進路を示す記号

a)　関門港を出発港又は通過港とし，同表の中欄に掲げる進路にしたがって同港を航行する場合における出発港又は通過港での進路を示す記号は，「／」と同表の右欄に掲げる進路を示す記号とを組み合わせたものとし，別表第1による仕向港を示す記号 (別表第2による仕向港での進路を示す記号がある場合にあっては，当該仕向港での進路を示す記号) の後に付するものとする。

　　ただし，搭載している船舶自動識別装置の性能上「／」を送信することが困難な場合にあって，一文字のスペースを空け，その後に「00」を付す

るることをもって代えることができるものとする。

b) 例えば，釧路港を仕向港とし，釧路港では東区第1区の係留施設に向かって航行する場合であって，関門港を東口に向かって航行し，関門港を通過する場合は，「＞JP　KUH　1／E」となる。

＊別表第3は，関門港1港のみについて定めている。

別表第3　出発港又は通過港での進路を示す記号

港　名	出発港又は通過港での進路	進路を示す記号
関　門	東口に向かって航行し，関門港（響新港区，新門司区を除く。）を通過又は出港する。	E
	西口の六連島東方に向かって航行し，関門港（響新港区，新門司区を除く。）を通過又は出港する。	WM
	西口の馬島西方から白州・白島南方に向かって航行し，関門港（響新港区，新門司区を除く。）を通過又は出港する。	WS
	西口の馬島西方から藍島東方に向かって航行し，関門港（響新港区，新門司区を除く。）を通過又は出港する。	WA

2) 信号旗による進路の表示（則第11条第2項）

　船舶は，次の港の港内を航行するときは，前檣その他の見やすい場所に海上保安庁長官が告示で定める信号旗を掲げて進路を表示するものとする。ただし，当該船舶が当該信号旗を有しない場合又は夜間においては，この限りではない。

1.　釧路港	2.　苫小牧港	3.　函館港
4.　秋田船川港	5.　鹿島港	6.　千葉港
7.　京浜港	8.　新潟港	9.　名古屋港
10.　四日市港	11.　阪神港	12.　水島港
13.　関門港	14.　博多港	15.　長崎港
16.　那覇港		

　この進路信号は，別表第2仕向港での進路を示す記号が適用される上記16港の港において，船舶が互いに相手船の進路を確認することによって，船舶交通の安全を確保するために規定されている。

別表

a) 「○代」，「A」，「B」，「C」…又は「1」，「2」，「3」…とあるのは，それぞ

れ国際信号旗の第○代表旗，国際信号旗のA，B，C…又は国際信号旗の
1，2，3…を示す。

b) 例えば，「2代・A・1」とあるのは，上方より順次国際信号旗の第2代表
旗，国際信号旗のA及び国際信号旗の数字旗1の順で掲げることを意味
する。

（抜粋）

1. 釧路港

信　号	信　文
2代・1	東区第1区の係留施設に向かって航行する。
2代・2	東区第2区の係留施設に向かって航行する。
2代・3	東区第3区の係留施設に向かって航行する。
2代・4	西区第1区の係留施設に向かって航行する。
2代・5	西区第2区の係留施設に向かって航行する。

⋮

7. 京浜港

	信　号	信　文
横浜区	1代・E	京浜運河東口に向かって航行し，京浜運河を通過又は出航する。
	1代・W	京浜運河西口に向かって航行し，京浜運河を通過又は出航する。
	2代・S・U	横浜本牧防波堤灯台から横浜外防波堤南灯台まで引いた線以南の係留施設に向かって航行する。
	2代・Y	横浜外防波堤南灯台から横浜東水堤北端まで引いた線以南の係留施設に向かって航行する（図3-56）。

＊進路信号において，第1代表旗は，
原則として出航する又は通過すること
を意味し，航路や方向を示す数字旗又
は文字旗の前に用いられる。また，第
2代表旗は，原則として係留施設又は
一定の錨地に向かって航行することを
意味し，その後に港区，岸壁などを示
す数字旗又は文字旗が続く。（バース信
号と言われることもある。）

図3-56　信号旗による進路の表示

(10) 縫航の制限（則第 10 条，則第 41 条，則第 45 条）

帆船は，特定港の航路を縫航してはならない。

→ 帆船（主にヨット）について，特定港の航路の縫航（ジグザグ航行：タッキングやジャイビングなどの繰り返しによるジグザグ航行）の禁止を規定している。

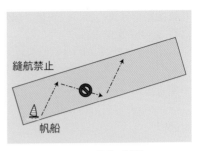

図 3-57　縫航の制限

表 3-4　縫航を制限する港

港の名称	適用水域	制限事項	適用条項 （施行規則）
関門港	門司区，下関区，西山区，若松区	縫航禁止	第 41 条
長崎港	長崎港第 1 区，第 2 区	縫航禁止	第 45 条

→ 上記港の港区においては，航路内に限らず，縫航（ジグザグ航行）が禁止されている。

(11) 航路以外の水域における錨泊等の制限（則第 23 条，第 26 条，第 42 条，第 48 条，第 49 条）

鹿島港，京浜港，高松港，細島港及び那覇港においては，航路以外の水域であるが，一定の適用水域において，次に掲げる場合を除いて錨泊等を禁止している。（錨泊し，又は曳航している船舶その他の物件を放してはならない。）

1) 海難を避けようとするとき。

2) 運転の自由を失ったとき。

3) 人命又は急迫した危険のある船舶の救助に従事するとき。

4) 法第 31 条（工事等の許可）の規定による港長の許可を受けて工事又は作業に従事するとき。

航路における錨泊等は，法第 12 条（航路内の投錨等の制限）に基づき禁止されているが，下記の港の一定の水域においても，その水域が狭い水域であることから，航路と同様に錨泊等の制限を規定している。

表 3-5　錨泊等を制限する港

港の名称	適用水域	制限事項	除外事由	適用条項 （施行規則）
鹿島港	鹿島水路	錨泊・曳航物件の放置禁止	法第 13 条に同じ	第 23 条
京浜港	川崎第 1 区・横浜第 4 区	錨泊・曳航物件の放置禁止	法第 13 条に同じ	第 26 条
高松港	防波堤入口付近の指定海面	錨泊・曳航物件の放置禁止	法第 13 条に同じ	第 42 条
細島港	細島航路周辺等の指定海面	錨泊・曳航物件の放置禁止	法第 13 条に同じ	第 48 条
那覇港	那覇水路	錨泊・曳航物件の放置禁止	法第 13 条に同じ	第 49 条

＊鹿島港

図 3-58　錨泊・曳航物件の放置禁止（鹿島港）

第 3 章　航路及び航法（第19条）

89

＊京浜港（川崎第1区・横浜第4区）

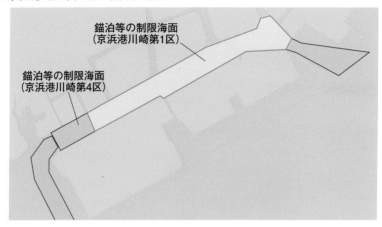

図 3-59　錨泊・曳航物件の放置禁止（京浜港）

＊高松港

図 3-60　錨泊・曳航物件の放置禁止（高松港）

＊細島港

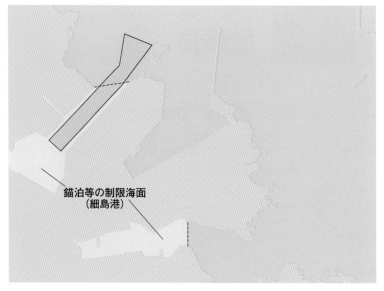

図 3-61　錨泊・曳航物件の放置禁止（細島港）

＊那覇港

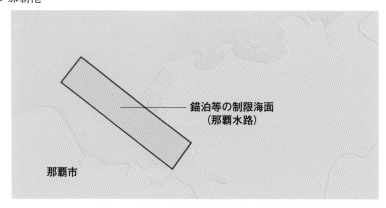

図 3-62　錨泊・曳航物件の放置禁止（那覇港）

第4章 危険物

== 第20条 爆発物等 ==

> **第20条** 爆発物その他の危険物（当該船舶の使用に供するものを除く。以下同じ。）を積載した船舶は，特定港に入港しようとするときは，港の境界外で港長の指揮を受けなければならない。
> 2 前項の危険物の種類は，国土交通省令[1]でこれを定める。

1) 則第12条

危険物を搭載した船舶の入港

　危険物を積載した船舶が特定港に入港しようとする場合，港の境界外で港長の指揮を受けなければならないと規定している。これは，危険物を積載している船舶は，危険物による爆発，火災等の事故を起こす危険性があるためである。また，座礁，衝突等の事故発生の際には危険物の流出，引火等により二次災害が発生することも予想されることから，危険物を積載していない船舶に比べて特別な安全対策を講ずる必要があるため，**港の境界外から港長の指揮下におくこととした規定である。**

　なお，第2項において，このような規制の対象となる危険物の種類を命令で定めることとしている。

　「当該船舶の使用に供するもの」とは，運搬が目的ではなく，当該船舶が自ら使用するために積載している危険物をいう。

　通常，船舶は，自己発煙信号，信号紅炎等の法令で備え付けるべきこととされている火工品や，船舶の運航に必要な燃料，調理用のプロパンガス等，当該船舶が使用する危険物を積載しているが，これらも規制対象とするとすべての船舶を対象とすることになり，非常に煩雑となってしまう。また，これらの危険物は当該船舶にとって概ね定まった種類，数量であり，管理上の責任が船内任務として明確にされていることから，必ずしも規制を行う必要

がないため，本法にいう「危険物」から除外している。

　このような趣旨から，例えば，木材燻蒸用の毒物，非破壊検査用の放射線物質等は船舶の使用に供するものには該当しない。

1. 港長の入港指揮（第1項）

　港長の指揮は，危険物の積載した船舶に対して，必要に応じて，航行速力の指示や引き船等の手配，油火災・油の船外流出・有毒物による中毒などの事故を防止するための注意や措置などの指示がなされる。

2. 危険物の種類（第2項）

　危険物の種類は，国土交通省令（則第12条）により，「港則法施行規則の危険物の種類を定める告示」（昭和54年運輸省告示第547号）で定められている。その別表において，危険物を「爆発物」と「その他の危険物」に分け，危険物船舶運送及び貯蔵規則第2条第1号に定める危険物及び同条第1号の2に定めるばら積み液体危険物のうちから，港則法の規則対象となる危険物を抽出している。これは本法でいう危険物を，単に物質自体の危険性のみでなく，当該危険物を積載した船舶が港内において航行，停泊又は荷役中に船舶交通の安全を阻害する事態を発生させる危険があるかどうかという観点から規定しているので，危険物船舶運送及び貯蔵規則に定める危険物の全部を対象とするのではなく，一部を対象外としている。

　なお，告示では，危険物を以下のとおり分類している。

1）爆発物
　　イ　火薬類
　　ロ　有機過酸化物
2）その他の危険物
　　イ　高圧ガス
　　ロ　腐食性物質
　　ハ　毒物
　　ニ　放射性物質等
　　ホ　引火性液体類
　　ヘ　可燃性物質
　　ト　自然発火性物質
　　チ　水反応可燃性物質

第4章　危険物（第20条）

リ　酸化性物質

ヌ　有機過酸化物〔(1) のロの爆発物を除く。〕

ル　その他

第21条　停泊場所指定

> **第21条**　危険物を積載した船舶は，特定港においては，びょう地の指定を受け
> るべき場合を除いて，港長の指定した場所でなければ停泊し，又は停留しては
> ならない。ただし，港長が爆発物以外の危険物を積載した船舶につきその停泊
> の期間並びに危険物の種類，数量及び保管方法に鑑み差し支えないと認めて許
> 可したときは，この限りでない。

危険物積載船舶の停泊・停留場所の指定

　危険物積載船については，法第20条において，特定港に入港しようとす
るときは，港の境界外で港長の指揮を受けることになっているが，**入港しよ
うとしている船舶以外の危険物積載船舶**についても，停泊等に関して制限す
る必要があることから，この規定が設けられている。

　これは，危険物積載船舶の有する危険性を鑑みると，法第5条第1項（停
泊地の制限）の規定に基づく危険物積載船舶が停泊できる港区の限定だけでは
保安上不十分であるので，危険物積載船舶の**全て**を**対象**として停泊等の場所
を具体的かつ個別的に指定することとした規定である。

　本条は，法第5条第2項の錨地指定の原則である「命令の定める船舶」及
び「命令の定める特定港」に限定しないで，しかも錨地のほか「係留施設に
係留する場合」の停泊及び停泊以外の係留をも含む広い規制となっている。

　本条後段，但書は，爆発物以外の危険物積載船舶については，港長の許可
を受けることによって本条前段の指定を要しないこととしている。

　但書の規定により，港長が爆発物以外の危険物を積載した船舶について，
一定の条件を満たしており，差し支えないと認めて許可したときは，停泊場
所の指定を受けなくともよい。許可の申請については，則第13条で定めて
いる。加えて則第19条は，則第13条に定める事項以外の事項も申請させる
ことができるとしている。

第22条　荷役・運搬

> **第22条**　船舶は，特定港において危険物の積込，積替又は荷卸をするには，港長の許可を受けなければならない。
> 2　港長は，前項に規定する作業が特定港内においてされることが不適当であると認めるときは，港の境界外において適当の場所を指定して同項の許可をすることができる。
> 3　前項の規定により指定された場所に停泊し，又は停留する船舶は，これを港の境界内にある船舶とみなす。
> 4　船舶は，特定港内又は特定港の境界付近において危険物を運搬しようとするときは，港長の許可を受けなければならない。

危険物の荷役・運搬の許可

　本条は，特定港における危険物の積込み，積替え，荷卸し及び運搬に関する規定である。

　第1項は，船舶が特定港において危険物の**荷役**を行うときは，**港長の許可**を受けなければならないことを規定している。

　第2項は，港長は，危険物荷役を港の境界外の**場所を指定**して行わせることができることを規定している。

　第3項は，この場合（第2項の場合）の船舶は港の**境界内**にある船舶と**みなす**ことを規定している。

　第4項は，特定港内又は特定港の境界付近において，危険物の**運搬**を行うときは，**港長の許可**を受けなければならないことを規定している。

→　港内における危険物の荷役については，危険物自体の有する危険性及び事故発生時の災害の規模に鑑み，港内において危険物が荷役・運搬されている実態を把握するとともに，積極的にこれを規制することにより，船舶交通の安全と港内の整頓を図る必要があることから，本条が設けられている。

　　第2項は，危険物荷役が行われる場合に，港内における船舶の輻輳状況，危険物積載船舶の船型，危険物の種類，数量等を勘案し，当該作業を特定港内で行うことが不適当であると認める場合には，港の境界外を指定して前項の許可ができることを定めている。第3項については，このような特

　別な理由で港域外に場所を指定されて危険物の荷役を行っている船舶は，当然港内にある船舶と同じく港則法の適用を受けさせる必要があるので，当該船舶を港内にあるとみなすこととした規定である。

---

15 年 983 項　　　　　　　本州東岸　—　日立港　　航泊禁止

　第 5 ふ頭 D 岸壁前面において危険物（火薬類）の荷役が行われるため，日立港長公示第 15-4 号により，一般船舶の航泊が禁止される。

期　　間　　平成 15 年 11 月 17 日　0800〜1600
区　　域　　下記 4 地点を結ぶ線及び陸岸により囲まれる区域
　　　　　　（1）36-29-03.4 N　140-37-09.7 E（岸線上）
　　　　　　（2）36-29-06.5 N　140-37-10.7 E
　　　　　　（3）36-29-04.2 N　140-37-21.2 E
　　　　　　（4）36-29-01.2 N　140-37-09.7 E（岸線上）
備　　考　　航泊禁止期間中，付近海域で警戒船が警戒にあたるので，
　　　　　　同船艇から指示があった場合は，これに従うこと。
海　　図　　W 1048
出　　所　　日立港長

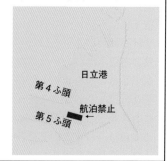

図 4-1　水路通報の例

第5章 水路の保全

第23条　廃物及び散乱物等に関する規制

> **第23条**　何人も，港内又は港の境界外1万メートル以内の水面においては，みだりに，バラスト，廃油，石炭から，ごみその他これらに類する廃物を捨ててはならない。
>
> 2　港内又は港の境界付近において，石炭，石，れんがその他散乱するおそれのある物を船舶に積み，又は船舶から卸そうとする者は，これらの物が水面に脱落するのを防ぐため必要な措置をしなければならない。
>
> 3　港長は，必要があると認めるときは，特定港内において，第1項の規定に違反して廃物を捨て，又は前項の規定に違反して散乱するおそれのある物を脱落させた者に対し，その捨て，又は脱落させた物を取り除くべきことを命ずることができる。

　船舶交通の安全を阻害し，又は港内の整頓をみだすような廃物の投棄を制限し，又は除去を命ずることができることを規定している。港内又はその付近において，ごみその他の廃物が投棄されたり，荷役の際に積荷が脱落したりすると，港内の船舶交通の安全が阻害されるとともに，港内の整頓の確保に支障が生じるおそれがあるので，当該行為を規制し，又は廃物等を回収させて，港内の安全と整頓を図ることを規定している。

1. 廃物の投棄禁止（第1項）

　港内又は港の境界（ハーバーリミット）から1万メートル以内の水面において，**バラスト，廃油等の廃物を捨てることを禁止**する規定である。

　これは，廃物等が投棄された場合，港内及びその付近の水深の減少，火災の発生，推進器等の損傷，冷却水パイプの閉塞，または船舶交通の流れを阻害する等のおそれが生ずるので，これらの発生を防止するための規定である。

「港の境界外1万メートル以内の水面」とは，港内だけでなく，港の境界から1万メートル以内の水域まで規定を適用する。なお，港則法の他に海洋汚染等及び海上災害の防止に関する法律の適用があるので，両法律を満足しなければならない。

「みだりに」とは，社会通念上，正当な理由がない場合であり，「正当な理由なく」と同等と考えてよい。例えば，海難を避けるため，やむを得ず投棄する場合などである。故意に投棄した場合のみならず，誤って排出してしまった場合も本法の違反の対象となる。

2. 荷役中の散乱物の脱落防止（第2項）

港内又は港の境界付近において，石炭，石，レンガその他散乱するおそれのある物の荷役を行う場合には，これらの物が水面に脱落すると，船舶の安全な航行を阻害するおそれがあるので，**脱落防止の措置**を講ずるように規定している。**脱落防止の措置**としては，舷側にカーゴネットやキャンバスを張ったり，排出口に栓をしたりするなどがある。

「その他散乱する虞のある物」とは，肥料，飼料，穀物，魚介類等のように，散乱後すぐに堆積しないが，時間が経過すれば堆積し，また堆積するまで浮流している間に船舶交通に害を与えるおそれのある物などをいう。

3. 廃物・散乱物の除去命令（第3項）

第1項又は第2項に違反した場合，そのまま放置すると船舶交通の安全に多大な影響を与えるので，特定港の港長は違反者に対してこれらの**廃物又は散乱物の除去を命ずる**ことができることを規定している。

第1項及び第2項の規定は，特定港に限らず，全ての港に適用されるが，除去命令を規定する第3項は，特定港に限られている。

第24条　海難発生時の措置

> **第24条**　港内又は港の境界付近において発生した海難により他の船舶交通を阻害する状態が生じたときは，当該海難に係る船舶の船長は，遅滞なく標識の設定その他危険予防のため必要な措置をし，かつ，その旨を，特定港にあっては港長に，特定港以外の港にあっては最寄りの管区海上保安本部の事務所の長又

は港長に報告しなければならない。ただし、海洋汚染等及び海上災害の防止に関する法律（昭和45年法律第136号）第38条第1項，第2項若しくは第5項，第42条の2第1項，第42条の3第1項又は第42条の4の2第1項の規定による通報をしたときは，当該通報をした事項については報告をすることを要しない。

　港内又は港の境界付近で他の船舶交通の安全を阻害するような海難が発生した場合における，危険防止のための措置及び海上保安庁への通報を義務付けた規定である。

　港内又は港の境界付近において，海難が発生した場合，当該船舶に危険があることはもちろん，当該船舶の沈没，座礁又は漂流や積荷流出により他船の交通の安全が阻害されるおそれが生ずる。このような場合，当該船舶の船長は**危険防止のための措置**を取らなければならず，船舶交通への影響をできるだけ減少させるように規定している。また，**海上保安庁への通報を行い，他の船舶に対する周知，交通制限等の適切な措置が早期にとられるようにしなければならない。**

　「海難」とは，海難審判法，船員法，海上保安庁法などの法律に用いられているが，法律によって若干の違いがある。港則法では，法律の目的から以下のとおりと考えられる。

1) 船舶の衝突，乗揚げ，沈没，火災，浸水，転覆等
2) 船舶の機関，推進器，舵等の損傷又は故障
3) 船舶の運用に関連して生じた航路標識等，船舶以外の施設の損傷

　「海難に係る船舶」とは，海難に関係した船舶のことで，損傷を受けた船舶だけでなく，損傷を受けていなくとも海難の発生に直接関係した船舶も含まれる。

　「船舶交通を阻害する」とは，船舶の沈没等により直接他船の交通を妨げるもののほか，灯浮標の滅失等により船舶交通に混乱を与えることなども含まれる。

　「標識の設定その他危険予防のため必要な措置」については，海上交通安全法に同趣旨の規定があり（海上交通安全法第43条），同法施行規則に次のように定められている。

第5章

水路の保全（第24条）

海上交通安全法施行規則

（海難が発生した場合の措置）

第28条　法第43条第1項の規定による応急の措置は，次に掲げる措置のうち船舶交通の危険を防止するため有効かつ適切なものでなければならない。

1　当該海難により航行することが困難となった船舶を他の船舶交通に危険を及ぼすおそれがない海域まで移動させ，かつ，当該船舶が移動しないように必要な措置をとること。

2　当該海難により沈没した船舶の位置を示すための指標となるように，次の表の上欄に掲げるいずれかの場所に，それぞれ同表の下欄に掲げる要件に適合する灯浮標を設置すること。

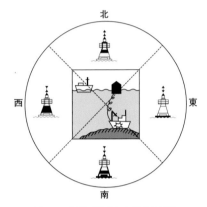

図5-1　海難が発生した場合の措置

表5-1　海難が発生した場合の措置

場　所	要　件
沈没した船舶の位置の北側	1　頭標（灯浮標の最上部に掲げられる形象物をいう。以下同じ。）は，黒色の上向き円すい形形象物2個を垂直線上に連掲したものであること。 2　標体（灯浮標の頭標及び灯火以外の海面上に出ている部分をいう。以下同じ。）は，上半部を黒，下半部を黄に塗色したものであること。 3　灯火は，連続するせん光を発する白色の全周灯であること。 4　連続するせん光は，1・2秒の周期で発せられるものであること。
沈没した船舶の位置の東側	1　頭標は，黒色の上向き円すい形形象物1個と黒色の下向き円すい形形象物1個とを上から順に垂直線上に連掲したものであること。 2　標体は，上部を黒，中央部を黄，下部を黒に塗色したものであること。 3　灯火は，10秒の周期で，連続するせん光3回を発する白色の全周灯であること。 4　連続するせん光は，1・2秒の周期で発せられるものであること。
沈没した船舶の位置の南側	1　頭標は，黒色の下向き円すい形形象物2個を垂直線上に連掲したものであること。 2　標体は，上半部を黄，下半部を黒に塗色したものであること。 3　灯火は，15秒の周期で，連続するせん光6回に引き続く2秒の光1回を発する白色の全周灯であること。 4　連続するせん光は，1・2秒の周期で発せられるものであること。
沈没した船舶の位置の西側	1　頭標は，黒色の下向き円すい形形象物1個と黒色の上向き円すい形形象物1個とを上から順に垂直線上に連掲したものであること。 2　標体は，上部を黄，中央部を黒，下部を黄に塗色したものであること。 3　灯火は，15秒の周期で，連続するせん光9回を発する白色の全周灯であること。 4　連続するせん光は，1・2秒の周期で発せられるものであること。

3　当該海難に係る船舶の積荷が海面に脱落し，及び散乱するのを防ぐため必要な措置をとること。

　本港則法においても，同様の措置と考えてよい。但し，港則法の場合は設置すべき灯浮標が上記の表と同一であることを要求されているわけではない。

「海洋汚染及び海上災害の防止に関する法律の規定による通報」

→　海洋汚染及び海上災害の防止に関する法律第38条第1項，第2項及び第5項，第42条の2第1項並びに第42条の3第1項の規定による通報の概要を以下に示す。

（第38条第1項）

　船舶から次に掲げる油その他の物質の排出があった場合には，当該船舶の船長は，当該排出があった日時及び場所，排出の状況，海洋の汚染の防止のために講じた措置その他の事項を直ちに最寄りの海上保安機関に通報しなければならない。

（第38条第2項）

　船舶の衝突，乗揚げ，機関の故障その他の海難が発生した場合において，船舶から前項各号に掲げる油等の排出のおそれがあるときは，当該船舶の船長は，当該海難があった日時及び場所，海難の状況，油等の排出が生じた場合に海洋の汚染の防止のために講じようとする措置その他の事項を直ちに最寄りの海上保安機関に通報しなければならない。

（第38条第5項）

　大量の油又は有害液体物質の排出があった場合には，第1項の船舶内にある者及び第3項の海洋施設等の従業者である者以外の者で当該大量の油又は有害液体物質の排出の原因となる行為をしたもの（その者が船舶内にある者であるときは，当該船舶の船長）は，第1項又は第3項の規定に準じて通報を行わなければならない。

（第42条の2第1項）

　危険物の排出があった場合において，当該排出された危険物の海上火災が発生するおそれがあるときは，当該排出された危険物が積載されていた船舶の船長等は，危険物の排出があった日時及び場所，排出された危険物の量及び広がりの状況並びに排出された危険物が積載されていた船舶等に関する事項を直ちに最寄りの海上保安庁の事務所に通報しなければならない。

（第42条の3第1項）

　貨物としてばら積みの危険物を積載している船舶，海洋危険物管理施設又

第5章　水路の保全（第24条）

は危険物の海上火災が発生したときは，当該海上火災が発生した船舶の船長等は，海上火災が発生した日時及び場所，海上火災の状況並びに海上火災が発生した船舶等に関する事項を直ちに最寄りの海上保安庁の事務所に通報しなければならない。

═══ 第25条　除去命令 ═══

> **第25条**　特定港内又は特定港の境界付近における漂流物，沈没物その他の物件が船舶交通を阻害するおそれのあるときは，港長は，当該物件の所有者又は占有者に対しその除去を命ずることができる。

特定港内及びその周辺水域では，船舶交通が輻輳しているため，常に船舶交通の安全が保たれるようにすることが重要である。そのために漂流物，沈没物その他の物件が原因となる「船舶交通を阻害するおそれのある」状態を改善し，安全状態にする必要がある。

特定港内に漂流物，沈没物その他の物件が存在する場合は，港長はその物件の状態が船舶交通の安全を阻害しているかどうかを判断し，当該物件の所有者又は占有者に**除去を命ずることができる**。

例えば，水深50メートルの海底に汽艇等が沈没しているが，45メートル以上の水深が確保されているため，船舶交通の安全上影響なしと判断されるときには，この船舶の除去を命ずる必要はないと考えられる。

「その他の物件」とは，例えば桟橋の残骸，工事用に使用したブイ，朽ちて使用できなくなったポンツーンなどがある。これらは，漂流物でも沈没物でもないが，船舶交通を阻害するおそれがあるときは，撤去を命ずる対象となる。

＊本条の規定は，第45条（準用規定）により，特定港以外の港にも準用される。

第6章　灯火等

───── 第26条　小型帆船・櫓櫂船の灯火 ─────

> **第26条**　海上衝突予防法（昭和52年法律第62号）第25条第2項本文及び
> 第5項本文に規定する船舶は，これらの規定又は同条第3項の規定による灯
> 火を表示している場合を除き，同条第2項ただし書及び第5項ただし書の規
> 定にかかわらず，港内においては，これらの規定に規定する白色の携帯電灯又
> は点火した白灯を周囲から最も見えやすい場所に表示しなければならない。
> 2　港内にある長さ12メートル未満の船舶については，海上衝突予防法第27
> 条第1項ただし書及び第7項の規定は適用しない。

　小型の帆船及びろかい（櫓・櫂）船等の灯火及び形象物に関し，海上衝突
予防法の特則を定めた規定である。港内は船舶交通が輻輳しているので，海
上衝突予防法第25条及び第27条が一定の小型の船舶に対して，1）臨時表
示を認める灯火，又は2）表示することを要しない灯火等の緩和規定を適用
せず，これらの灯火等を常時表示することを規定している。

1.　小型の船舶の灯火の常時表示（第1項）

　「海上衝突予防法第25条第2項本文及び第5項本文に規定する船舶」とは，
「航行中の7メートル未満の帆船」及び「ろかいを用いている航行中の船舶」
である。
　「これらの規定又は同条第3項の規定による灯火」とは，舷灯一対及び船
尾等1個もしくはそれらに紅色と緑色の全周灯1個ずつを加えたもの，又は
三色灯1個である。
　「同条第2項ただし書及び第5項ただし書の規定」とは，上記の規定して
いる灯火を表示しない場合は，「白色の携帯電灯又は点火した白灯を直ちに
使用することができるように備えておき，他の船舶との衝突を防ぐために十

分な時間これを表示しなければならない。」こととした規定である。

　本第26条第1項の規定は，海上衝突予防法の緩和規定にもかかわらず，港内においては白色の携帯電灯または点火した白灯を**周囲から見えやすい場所に常時表示**させることとした規定である。

図6-1　航行中の長さ7m未満の帆船の灯火

図6-2　航行中のろかい（櫓櫂）船の灯火

2.　海上衝突予防法で表示を要しない灯火等の常時表示（第2項）

　「海上衝突予防法第27条第1項ただし書及び第7項の規定」，すなわち

1）「航行中の長さ12メートル未満の運転不自由船は，その灯火又は形象物を表示することを要しない。」及び

2）「航行中又は錨泊中の長さ12メートル未満の操縦性能制限船は，第2項から第4項まで及び前項の規定による灯火を表示することを要しない。」が該当するが，本条第2項の規定は，長さ12メートル未満の航行中の運転不自由船，及び航行中又は錨泊中の操縦性能制限船についても，港内においては，それぞれ規定されている灯火及び形象物を表示させる規定である。

第27条　汽笛の制限

第27条　船舶は，港内においては，みだりに汽笛又はサイレンを吹き鳴らしてはならない。

　港内においては，多数の船舶が航行あるいは停泊し，汽笛又はサイレン等の音響による信号が行われている現状から，みだりに汽笛又はサイレンを吹鳴することは，航法の必要上吹鳴しなければならない信号と混同するおそれ

があるとともに，他で発せられた必要な信号の聴取を妨げるおそれがある。そのため，**みだりに汽笛又はサイレンを吹鳴することを禁止している。**

「みだりに」とは，港則法の他の規定と同様に，社会通念上正当な理由がないことである。例えば，艀や通船を呼ぶ場合，汽笛の吹鳴試験を行う場合などは，船舶や人命の安全に直接関係ない場合において，汽笛又はサイレンを不必要に何回も吹鳴することは，みだりに吹鳴することになる。

「汽笛」とは，海上衝突予防法第 32 条（定義）に規定されている「単音及び長音を発することができる装置をいう。」と考えてよい。ただし，海上衝突予防法にはサイレンについては，記載されていない。本港則法においても，サイレンを併記しているが，これは海上衝突予防法に定義する汽笛以外の汽笛又はサイレンのみだりな吹鳴を制限するためである。

第28条　私設信号の許可

> **第28条**　特定港内において使用すべき私設信号を定めようとする者は，港長の許可を受けなければならない。

特定港内で使用される信号には普通信号（国際信号書による信号）及び進路信号（普通信号以外の信号であって，自船の進路を表示させるために用いるものをいう。施行規則第 11 条（進路の表示））があるが，これらは船舶の運航に密接に関連しているものであることから，これらの信号と混同されたり，不必要に多くの信号が行われたりすることは，混乱を招き，船舶交通の安全を妨げるおそれがある。そのため，私設信号を定める場合には，**港長の許可を受ける**ことを規定している。

「私設信号」とは，交通規制権限を有する行政主体が港内の船舶交通の安全確保及び円滑化を図るため定める信号以外の信号をいう。例えば，港湾管理者が，その業務を遂行するため，船舶を対象として設定する信号も私設信号に該当する。

第6章　灯火等（第28条）

105

表6-1　信号の種類と具体例

信　号	具体例等
普通信号	・国際信号書による信号
法律に規定された信号	・操船信号，警告信号，霧中信号（海上衝突予防法） ・火災警報（港則法）
法律に基づいて国が定めた信号	・数字旗1，入・出航時の信号，航行管制の信号，進路を表示する信号（港則法施行規則） ・危険物積載船の灯火・標識（海上交通安全法施行規則） ・赤旗・赤灯（危険物船舶運送及び貯蔵規則）
私設信号（上記以外の信号）	・係留施設の使用に関する私設信号（告示）

　港長が係留施設の使用に関する私設信号を許可したときは，海上保安庁長官は，これを告示することになっている。(則第5条第3項)

＊本条の規定は，第45条（準用規定）により，特定港以外の港にも準用される。

例）係留施設の使用に関する私設信号（告示）

表6-2　私設信号の例

1　千葉港

指　示		応答信号	備　考
信　号	信　文		
白灯点灯	離岸船有り，出光興産千葉製油所岸壁への係留待て。		指示信号は，出光興産千葉製油所の係留施設に係留する船舶に対し，出光信号柱において発するもの
白灯点滅	出光興産千葉製油所岸壁に係留せよ。		

第29条　火災警報

第29条　特定港内にある船舶であって汽笛又はサイレンを備えるものは，当該船舶に火災が発生したときは，航行している場合を除き，火災を示す警報として汽笛又はサイレンをもって長音（海上衝突予防法第32条第3項の長音をいう。）を5回吹き鳴らさなければならない。

2　前項の警報は，適当な間隔をおいて繰り返さなければならない。

　汽笛又はサイレンを備えている船舶が特定港内で火災が発生した場合の火災警報について規定している。

火災警報（第29条）

　港内に停泊する船舶において，火災が発生し，他船又は陸上からの消火作業等についての援助を要する時は，当該火災発生船舶は，普通信号やその他の通信手段によって援助を要請すると思われるが，特定港のように船舶が輻輳する港においては，付近の船舶が速やかに退避し，又は退避の準備ができるように，火災が発生したことを他の多くの船舶その他に素早く知らせる必要があり，そのため，汽笛又はサイレンにより知らせることを義務づけた規定である。

　「汽笛又はサイレンを備えている船舶」について適用があり，これらを備えていない船舶には適用されない。

　「航行している場合を除き」とされている。これは，港内航行中に火災が発生した場合には，直ちに停泊するのが通常であり，かつ，航行中に汽笛又はサイレンを吹鳴することは，海上衝突予防法に定める各種信号と混同されるおそれがあるため，航行中を除いている。

第30条　火災警報の方法の表示

> 第30条　特定港内に停泊する船舶であって汽笛又はサイレンを備えるものは，船内において，汽笛又はサイレンの吹鳴に従事する者が見やすいところに，前条に定める火災警報の方法を表示しなければならない。

火災警報の方法の表示（第30条）

　汽笛又はサイレンの吹鳴に従事する者が見やすいところに法第29条に規定する**火災警報の方法を表示**しなければならないことを規定している。

　火災が発生した場合には，直ちに法第29条に定める火災警報を行う必要があるが，実際に火災が発生した場合は，平時では問題なくできることもパニックになるなどにより，実施できない場合があることを想定し，また，もし信号方法を覚えていない者がいても，火災警報を確実に実施できるようにしている。

　本条で定める「汽笛又はサイレンの吹鳴に従事する者」とは，あらかじめ船内応急部署等でその職務を定められた者だけでなく，指定された者も含む当該火災警報を行う可能性のある者全てをいう。これは，火災の際には船内

にいる者のうち，最も早く事実を知った者又は汽笛，サイレンの起動装置に
近い者が火災警報を行うのが通常であるためである。

表6-3　火災警報

	警報の方法（第29条）		方法の表示（第30条）
火災警報	長音5回（― ― ― ― ―） 1）特定港内にある船舶で汽笛・サイレンを備えるもの 　が自船に火災が発生したとき（航行中を除く）に吹鳴 2）適当な間隔をおいて繰り返し吹鳴		吹鳴に従事する者（停泊当直者など）が見やすいところに，警報の方法を表示する。

＊長音は海上衝突予防法の定める長音（第32条）と明示されていることから，
4秒以上6秒以下の時間継続する吹鳴である。

第7章 雑　則

=====　第31条　工事等の許可及び進水等の届出　=====

> **第31条**　特定港内又は特定港の境界附近で工事又は作業をしようとする者は，港長の許可を受けなければならない。
> 2　港長は，前項の許可をするに当り，船舶交通の安全のために必要な措置を命ずることができる。

　港内又は港の境界付近で工事又は作業が行われると，一定の水域が占有され，船舶交通の安全及び港内の整頓が阻害されるおそれがある。そこで，港内における船舶交通の安全を図るため，工事や作業の実施については**港長の許可が必要**とするとともに，港長は，許可するにあたり船舶交通の安全のために必要な措置を命ずることができると規定している。

1．工事等の許可（第1項）
　特定港内及び港の境界付近における工事等について，許可制とする規定である。
　「境界付近」とは，工事や作業の内容，港の状況などにより，一概に定めることはできないが，特定港での船舶の出入や在港船に影響する範囲をいう。
　「工事又は作業」には，以下のようなものがある。
（1）航路，泊地等の浚渫作業
（2）港湾用地の造成
（3）岸壁，桟橋，ドルフィン等の工作物設置，補修
（4）定置網の設置，のり，かき，真珠貝等の養殖のための竹木材類の敷設，漁礁の設置
（5）採泥及びボーリング調査
（6）潜水探査，磁気探査等の海底調査

109

(7) 潜水して行う船底清掃作業

(8) 沈船引揚げ作業

2. 工事等における措置命令（第2項）

　船舶交通の安全のために**必要な措置**には，以下のようなものが挙げられる。

(1) 船舶の解体作業，沈船の引揚げ作業等，油が流出し，又は貨物が散乱するおそれのある作業を行うときには，当該油等の流出又は貨物の散乱を防止するための措置

(2) 工作物が設置される場合には，当該工作物の存在を知らせる標識の設置や警戒船の配備。

(3) 浚渫，埋立て等が行われる場合における当該区域を明示するための標識の設置や警戒船の配備。

(4) 船底清掃作業が行われる場合における接近防止のための標識の設置と警戒船の配備

(5) 潜水作業等が行われる場合における他船の接近を警戒防止する措置

(6) その他必要に応じて，実施場所又は区域の縮小，時期・時間の変更，方法の変更等

＊本条の規定は，第45条（準用規定）により，特定港以外の港にも準用される。

========= 第32条　行事の許可 =========

> **第32条**　特定港内において端艇競争その他の行事をしようとする者は，予め港長の許可を受けなければならない。

1. 行事等の許可

　特定港内において，行事を行おうとする者は，港長の許可を受けなければならない。

　船舶交通の輻輳する特定港内において，端艇競争（カッターレース）等の行事を行うことは，船舶交通の安全を阻害するおそれがあるので，港長の許可が必要としている。

　行事等の許可については，**特定港内に限られており**，前条の工事等の場合

と違い，港の境界付近まで拡張されておらず，また適用港への準用規定もない。これは，行事等は短い時間で終了することから，港の境界の外側や特定港以外の港にまで規制する必要はないとの見解からである。

　許可の申請については，則第 17 条で，「行事の種類，目的，方法，期間及び区域又は場所を記載して申請しなければならない。」としている。また，則第 19 条の規定では，その他の必要な事項を指定して申請させることができるとしている。例えば，事故防止措置，参加人員，参加船舶の船名及び総トン数，現場の責任者，連絡体制などが考えられる。

2. 行事を実施する際の注意事項

　港内における行事の計画及び実施については，以下の事項に配慮する必要がある。
(1) 船舶交通の安全に及ぼす影響が最小になるような計画であること。
(2) 現場における指揮者の所在，指揮系統，連絡方法等が明確であること。
(3) 行事参加者の危険防止措置，他船に対する警戒措置をとること。
(4) 事故発生時の対策をとっておくこと。
(5) 関係者の集合及び解散の場所，要領等を定めておくこと。
(6) 船舶の定員超過その他法令違反のおそれがないこと。
(7) 利害関係者の同意を得ておくこと。

第33条　進水の届出

> **第33条**　特定港の国土交通省令で定める区域内において長さが国土交通省令で定める長さ以上である船舶を進水させ，又はドックに出入させようとする者は，その旨を港長に届け出なければならない。

進水及びドック出入の届け出

　特定港内において，船舶を進水させ又はドックに出入させようとする者は，その旨を港長に届け出なければならないことを規定している。
　特定港内は船舶交通が輻輳していることから，港長は在港船舶の動静を把握しておく必要があり，船舶の進水又はドックへの出入りについても把握しておく必要があるので，届け出を義務化した規定である。

「国土交通省令で定める区域及びその長さ」については，港則法施行規則第20条，別表第3に定められている。対象港は32港であり，以下に例を示す。

【例】

表7-1 国土交通省令で定める区域及びその長さ（進水及びドック出入の届け出）

港の名称	区　域	船舶の長さ
釧　路	東第三区	60メートル
京　浜	横浜第四区，横浜第五区	50メートル
新　潟	西区	30メートル
関　門	下関区，田野浦区，西山区	25メートル
高　知	高知港御畳瀬灯台から90度に陸岸まで引いた線，浦戸大橋及び陸岸により囲まれた海面	50メートル
長　崎	第一区，第二区，第四区	25メートル

「その旨」については，特に定めはないが，船名，船舶の主要目，入出渠の目的，船渠の名称，出渠後の停泊場所，該当日時などが考えられる。

第34条　竹木材の許可

> **第34条**　特定港内において竹木材を船舶から水上に卸そうとする者及び特定港内においていかだをけい留し，又は運行しようとする者は，港長の許可を受けなければならない。
> 2　港長は，前項の許可をするに当り船舶交通安全のために必要な措置を命ずることができる。

特定港において竹木材を水上に卸す者及び筏を係留・運行する者は，港長の許可を受けなければならないことを規定している。

1. 竹木材の荷卸し等の許可（第1項）

竹木材を水上に卸すことは，相当な水面を使用し，また，沈木や流木が発生するおそれがある。また，筏は，他の船舶の運航を妨げ，流木・沈水を生ずるおそれがあることから**港長の許可**を必要としている。

「竹木材」とは，竹又は木材のことをいい，「いかだ」とは，竹木材等を綱，

ボルト，ワイヤ等で結合して運搬又は保存ができる状態にしているものをいう。竹木材に限らず，筏状に組んだもの全てをいう。

2. 竹木材の荷卸し等に必要な措置命令（第2項）

　第1項の竹木材の荷卸し，筏の係留・運行を許可するにあたり，港長が必要な措置をするように命ずることができるとした規定である。

　必要な措置には，以下のような内容がある。

(1) 荷役にあたって，検数員のほか，荷役業者も検数を厳重に行うとともに，沈木・流木防止用のネットを展張すること。

(2) 荷役中潜水夫が待機し，沈木が生じたときは荷役を一時中止して当該沈木を引き上げるとともに，港長にその旨を報告する。

(3) 荷役終了時には，検数のチェックをするとともに，音響測深器又は潜水夫若しくはその両者による海底探査を行い，沈木を完全に引き揚げること。

(4) 気象・海象条件による荷卸し中止条件を設定すること。

(5) 荷卸しした木材の適当な係留場所を確保しておくこと。

(6) 筏の運行は，運行時間，経路，曳索及び固縛方法等に十分留意し，具体的かつ安全な時間，経路を選定すること。

(7) 筏係留時は，流出防止上，必要な措置をとること。

(8) 係留又は運行中の筏が散乱した場合は，直ちに港長にその旨通報すること。

══════ 第35条　漁ろうの制限 ══════

> **第35条**　船舶交通の妨となる虞のある港内の場所においては，みだりに漁ろうをしてはならない。

1. 漁ろうの制限

　漁ろうは，その方法によっては，広い水域を占有して行うこともある。海上衝突予防法第18条（各種船舶間の航法）では，航行中の動力船は，漁ろうに従事している船舶の進路を避けなければならない。しかし，船舶交通が輻輳する港内においては，漁ろうを無制限に認めた場合，船舶交通の安全が確保できなくなる。多数の船舶が出入りし，又は停泊する港内で漁ろうに従事す

第7章

雑　則（第35条）

113

ることは，船舶の自由な運航の妨げとなる。そのため，**港内の船舶交通の輻輳する場所では漁ろうを制限している。**

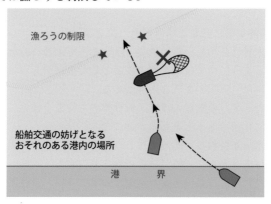

図7-1　漁ろうの制限

　なお，本条の趣旨は，港内における船舶交通の妨げとなるおそれのある漁ろうを制限しているのであって，港内における漁ろうを禁止しているわけではない。また，本条は航法を規定したものではないので，港内において漁ろうに従事している船舶と一般船舶が接近した場合，航法上は海上衝突予防法の規定に従うこととなる。

　「船舶交通の妨げとなる虞のある港内の場所」とは，航路筋，泊地その他の空間的要素のみでなく，船舶の往来及び停泊の頻度その他の時間的要素なども考慮して具体的かつ個別に判断される。一般的には航路，係留施設の前面，防波堤入口付近などが考えられる。その他の水域については，港の実情に応じた判断が必要となる。

　「漁ろう」とは，一般的に魚を捕ること全てをいう。海上衝突予防法第3条第4項に規定される「漁ろうに従事する船舶」とは違い，広く水産，動植物の採捕行為をいう。

　「みだりに」とは，社会通念上，正当な理由があると認められない場合をいう。漁ろう行為が船舶交通の妨げとなるおそれがあるにもかかわらず，漁ろうを行うことである。

第7章　雑　則（第35条）

第36条　灯火の制限

> **第36条**　何人も，港内又は港の境界附近における船舶交通の妨となる虞のある
> 強力な灯火をみだりに使用してはならない。
> 2　港長は，特定港内又は特定港の境界附近における船舶交通の妨となる虞のあ
> る強力な灯火を使用している者に対し，その灯火の減光又は被覆を命ずること
> ができる。

　港内又は港の境界付近における船舶交通の安全を図るため，灯火の使用制
限及び減光等の措置命令について規定している。

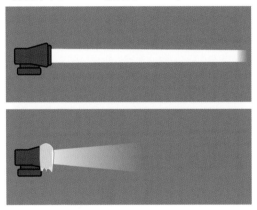

図 7-2　灯火の制限（被覆）

1. 灯火の使用制限（第1項）

　港内又は港の境界付近は船舶交通が輻輳しているので，強力な灯火を使用
すると，まぶしさで見通しが悪くなるとともに，他の船舶の灯火や航路標識
の識別を妨げるなど，船舶交通の妨げとなるので，船舶交通の安全の観点か
ら制限する規定である。

　「何人も」とは，港内に停泊し，又は航行する船舶だけでなく，全ての人
が対象となる。

　「みだりに」とは，本法律の他の規定と同じく，絶対的な禁止を意味する
のではない。

115

2. 灯火の減光等の措置命令（第2項）

　第1項に示すような船舶交通の安全を妨げる強力な灯火については，港長が当該灯火の減光又は被覆を命ずることができるとした規定である。

＊本条第2項の規定は，第45条（準用規定）により，特定港以外の港にも準用される。

第37条　喫煙等の制限

> 第37条　何人も，港内においては，相当の注意をしないで，油送船の付近で喫煙し，又は火気を取り扱ってはならない。
> 2　港長は，海難の発生その他の事情により特定港内において引火性の液体が浮流している場合において，火災の発生のおそれがあると認めるときは，当該水域にある者に対し，喫煙又は火気の取扱いを制限し，又は禁止することができる。ただし，海洋汚染等及び海上災害の防止に関する法律第42条の5第1項の規定の適用がある場合は，この限りでない。

　港内における爆発，火災の危険を防止するため，喫煙又は火気の取扱いについて制限した規定である。

1. 喫煙等の制限（第1項）

　「油送船」とは，貨物積載のためのタンク構造を有する船舶であって，原油，灯油，ガソリン等の石油類，LNG，LPG等の液化ガス等の引火性の液体及びガスを運搬する船舶をいう。法第20条第2項に「則第12条に基づく港則法施行規則の危険物の種類を定める告示」で定めている危険物とは異なり，喫煙や不適切な火気の取扱いにより火災を発生させるような危険物性から判断すべきである。

写真7-1　喫煙等の制限

　「相当な注意をしないで」とは，漫然と暴露甲板等の開放部で喫煙することなどをいう。

　「油送船の付近」とは，引火性のガスの放出状況，気温，風などの状況に

よって異なるので，明確に定めることは困難だが，喫煙や火気の取り扱いでも油送船に火災を発生させない程度の距離と考えるべきである。

2. 浮流する引火性液体に対する喫煙等の制限（第2項）

特定港内で引火性の液体が浮流した場合に，港長は，火災の発生を防止するため，当該水域にある者に対し，喫煙又は火気の取扱いを制限・禁止することができると規定している。

「その他の事情」とは，荷役中の送油系統からの漏出，パイプ破損，乗組員のバルブ誤操作など，引火性液体を水上に浮流させるような海難以外の事由をいう。

「海洋汚染等及び海上災害の防止に関する法律第42条の5第1項の規定」では，『海上保安庁長官は，危険物の排出があった場合において，当該排出された危険物による海上火災が発生するおそれが著しく大であり，かつ，海上火災が発生したならば著しい海上火災が発生するおそれがあるときは，海上火災が発生するおそれのある海域にある者に対し火気の使用を制限し，若しくは禁止し，又はその海域にある船舶の船長に対しその船舶をその海域から退去させることを命じ，若しくはその海域に進入してくる船舶の船長に対しその進入を中止させることを命ずることができる。』と定めている。本2項の規定と重複するので，同法の適用がある場合は，本項の喫煙等に関する制限・禁止を要しないこととした。

＊本条第2項の規定は，第45条（準用規定）により，特定港以外の港にも準用される。

第38条　船舶交通の制限等

> **第38条**　特定港内の国土交通省令[1)]で定める水路を航行する船舶は，港長が信号所において交通整理のため行う信号に従わなければならない。
> 2　総トン数又は長さが国土交通省令[2)]で定めるトン数又は長さ以上である船舶は，前項に規定する水路を航行しようとするときは，国土交通省令で定めるところにより，港長に次に掲げる事項を通報しなければならない。通報した事項を変更するときも，同様とする。
> （1）当該船舶の名称

　(2)　当該船舶の総トン数及び長さ

　(3)　当該水路を航行する予定時刻

　(4)　当該船舶との連絡手段

　(5)　当該船舶が停泊し，又は停泊しようとする当該特定港の係留施設

3　次の各号に掲げる船舶が，海上交通安全法第22条の規定による通報をする際に，あわせて，当該各号に定める水路に係る前項第5号に掲げる係留施設を通報したときは，同項の規定による通報をすることを要しない。

　(1)　第1項に規定する水路に接続する海上交通安全法第2条第1項に規定する航路を航行しようとする船舶　当該水路

　(2)　指定港内における第1項に規定する水路を航行しようとする船舶であって，当該水路を航行した後，途中において寄港し，又はびょう泊することなく，当該指定港に隣接する指定海域における海上交通安全法第2条第1項に規定する航路を航行しようとするもの　当該水路

　(3)　指定海域における海上交通安全法第2条第1項に規定する航路を航行しようとする船舶であって，当該航路を航行した後，途中において寄港し，又はびょう泊することなく，当該指定海域に隣接する指定港内における第1項に規定する水路を航行しようとするもの　当該水路

4　港長は，第1項に規定する水路のうち当該水路内の船舶交通が著しく混雑するものとして国土交通省令で定めるものにおいて，同項の信号を行ってもなお第2項に規定する船舶の当該水路における航行に伴い船舶交通の危険が生ずるおそれがある場合であって，当該危険を防止するため必要があると認めるときは，当該船舶の船長に対し，国土交通省令で定めるところにより，次に掲げる事項を指示することができる。

　(1)　当該水路（海上交通安全法第2条第1項に規定する航路に接続するものを除く。以下この号において同じ。）を航行する予定時刻を変更すること（前項（第2号及び第3号に係る部分に限る。）の規定により第2項の規定による通報がされていない場合にあっては，港長が指定する時刻に従って当該水路を航行すること。）。

　(2)　当該船舶の進路を警戒する船舶を配備すること。

　(3)　前2号に掲げるもののほか，当該船舶の運航に関し必要な措置を講ずること。

5　第1項の信号所の位置並びに信号の方法及び意味は，国土交通省令で定める。

第7章　雑則（第38条）

1) 則第20条の2，別表4
2) 則第23条の2，第24条，第29条第3項・第4項，第29条の3，第29条の5，第33条，第35条，第41条，第44条，第47条，第51条

特定港内の命令の定める水路において，港長が行う航行管制について規定している。本条は港内における船舶交通の輻輳の度合いが増したことに伴って，特に船舶交通の激しい水路や狭い水路においては，信号によって航行管制を実施するものである。また，平時における安全性の向上及び国際競争力強化を目的とし，民間船舶の事務負担の軽減と船舶交通の混雑緩和を図っている。

1. 管制水路における航行管制（第1項）

国土交通省令で定める水路（港則法施行規則第20条の2　別表第4）（以下，「管制水路」）を航行する船舶に対して港長が船舶交通の安全と効率化を図るために行う航行管制を規定している。概要を以下の表に示す。

表7-2　管制水路における航行管制

港	対象水路		信号所	信号の航行	
				昼間	夜間
苫小牧	苫小牧水路		苫小牧	電光掲示板	
	勇払水路		勇払		
八戸	河川水面の一部		八戸	閃，形，旗	閃
仙台塩釜	航路の一部		塩釜	閃，形，旗	閃
鹿島	鹿島水路		鹿島	閃	
			鹿島中央	電光掲示板	
千葉	千葉航路		千葉灯標	電光掲示板	
			千葉中央	閃	
	市原航路		千葉灯標	閃	
京浜	東京東航路		15号地南，15号地北，中央防，10号地	電光掲示板	
	東京西航路		羽田船舶	閃	
			青海，青海第2，晴海	電光掲示板	
	鶴見航路，京浜運河及び川崎航路	北水路	鶴見	電光掲示板	
		南水路	鶴見第2		
		第1区	鶴見，田辺	電光掲示板	
		第2区	池上	電光掲示板	
		第3区	塩浜，水江	電光掲示板	
		第4区	川崎，大師	電光掲示板	

第7章　雑　則（第38条）

		川崎航路	川崎	電光掲示板
	横浜航路	西水路	大黒，内港	電光掲示板
		東水路	本牧	電光掲示坂
新潟	西区		新潟	閃，形，旗 閃
名古屋	東水路		高潮防波堤東，金城	電光掲示板
	西水路		高潮防波堤西，金城	電光掲示板
	北水路		金城	電光掲示板
四日市	第1航路・午起航路		四日市，四日市防波堤	閃
阪神	浜寺水路		浜寺	閃
	堺水路		堺，堺第2	閃
	南港水路		南港，南港第2	電光掲示板
	神戸中央航路		神戸，神戸第2	電光掲示板
水島	港内航路		水島	電光掲示板
関門	早鞆瀬戸水路		早鞆	電光掲示板
	若松水路，奥洞海航路，若松区の一部		若松港口，牧山，二島	電光掲示板
高知	高知水路		桂浜，浦戸	閃，形，旗 閃
佐世保	佐世保水路		高後埼	閃
那覇	那覇水路		那覇，那覇第2	閃

2. 管制水路を航行する場合の通報（第2項）

施行規則各則で次のとおり港ごとに通報対象となる船舶を定めており，該当する船舶は，管制水路に入航し又は出航しようとする場合は，それぞれ入航予定日又は運航開始予定日の前日の正午までに港長に予定時刻等を通報しなければならない。また，通報した予定時刻に変更がある場合は，直ちにその旨を**港長に通報**しなければならない。

表7-3　管制水路航行通報の対象船舶

港名	水 路	通報対象船舶	適用条項（施行規則）
鹿島	鹿島水路	長さ190m（油送船総トン数1,000トン）以上	第23条の2
千葉	千葉航路	長さ140m（油送船総トン数1,000トン）以上	第24条
	市原航路	長さ125m（油送船総トン数1,000トン）以上	
京浜	東京東航路	長さ150m（油送船総トン数1,000トン）以上	第29条
	東京西航路	長さ300m（油送船総トン数5,000トン）以上	
	鶴見，川崎航路	総トン数1,000トン以上	
	横浜航路	長さ160m（油送船総トン数1,000トン）以上	

第7章　雑　則（第38条）

名古屋	東水路	長さ 270 m（油送船総トン数 5,000 トン）以上	第 29 条の 3
	西，北水路	長さ 175 m（油送船総トン数 5,000 トン）以上	
四日市	第 1，午起航路	総トン数 3,000 トン以上	第 29 条の 5
阪神	浜寺水路	総トン数 10,000 トン以上	第 33 条
	堺水路	総トン数 3,000 トン以上	
	南港水路	総トン数 5,000 トン以上	
	木津川運河	総トン数 300 トン以上	
	神戸中央航路	総トン数 40,000 トン（油送船総トン数 1,000 トン）以上	
水島	港内航路	長さ 200 m 以上	第 33 条の 2
関門	早鞆瀬戸水路	総トン数 10,000 トン（油送船総トン数 3,000 トン）以上	第 40 条
	若松水路	総トン数 300 トン以上	
高知	高知水路	総トン数 1,000 トン（油送船総トン数 500 トン）以上	第 43 条
佐世保	佐世保水路	総トン数 500 トン以上	第 46 条
那覇	那覇水路	総トン数 500 トン以上	第 50 条

3. 航路及び管制水路航行船舶の通報の省略（第 3 項）

(1) 管制水路に接続する海上交通安全法の航路航行船舶の通報の省略

　　管制水路（第 1 項）に接続する海上交通安全法の航路を航行しようとする船舶が，海交法第 22 条（巨大船等の航行に関する通報）の通報をする際に，併せて管制水路に係る第 2 項第 5 号の係留施設を通報したときは，同項による通報を必要としない。

　　＊管制水路に接続する海上交通安全法の航路は，**現在 1 か所だけで，海交法の水島航路と水島港の港内航路（管制水路）が接続**している。

(2) 管制水路を航行して海上交通安全法の航路を航行する船舶の通報の省略

　　指定港を出港し，管制航路及び指定海域における海上交通安全法の航路を航行する船舶について，湾内の海上交通管制を海上交通センターが一体的な管制を行うことにより重複の通報を省略することを定めている。

(3) 指定海域における海上交通安全法の航路を航行し，指定港の管制水路を航行して入港する船舶の通報を省略することを定めている。

　　これまで海上交通安全法と港則法に基づき，海上交通センターと港長に対して行っていた事前通報を海上交通センターに一本化し，民間船舶の事務負担の軽減を目的として手続きの簡素化を図っている。

第 7 章

雑　則（第 38 条）

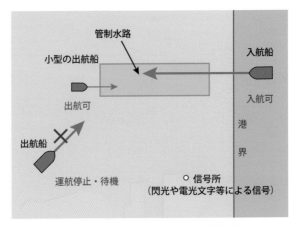

図7-3　国土交通省令で定める水路（管制水路）

4.　管制水路航行船舶に対する入航時刻等の指示制度（第4項）

　船舶交通の混雑の緩和と船舶交通の安全のために管制水路を航行しようとする船舶に対して，港長は入航時刻の指定（変更），進路警戒船の配備及びその他必要な措置を講ずることができることを定めている。

　第1項に規定する水路のうち当該水路内の船舶交通が著しく混雑するものとして国土交通省令で定める水路は，以下のとおり。（則第20条の2第2項）

　　・千葉港　　千葉航路及び市原航路
　　・京浜港　　東京東航路，東京西航路，鶴見航路，京浜運河，川崎航路及び横浜航路
　　・名古屋港　東水路，西水路及び北水路

5.　管制水路における航行管制のための信号（第5項）

　信号所の位置並びに信号の方法及び意味は，国土交通省令（港則法施行規則第20条　別表第4）で定める。

灯火・形象物による主な信号（千葉港千葉灯標信号所（千葉航路）の例）

名称	信号の方法	電光文字板	信号の意味（要旨）
入航信号	毎2秒に白色光1閃 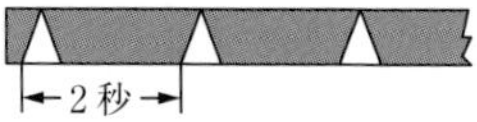 ←2秒→ 黒▲上向き円すい形 	 Iの文字の点滅	・入航船は入航可 ・50 m 以上（500 G/T 未満を除く）の船舶は出航禁止 　ただし，港長の指示を受けた船舶は出航可 ・50 m 未満又は 500 G/T 未満の船舶は出航可
出航信号	毎2秒に赤色光1閃 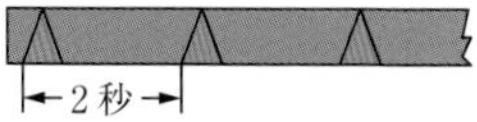 ←2秒→ 黒■方形 	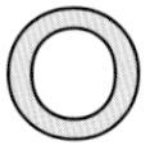 Oの文字の点滅	・出航船は出航可 ・50 m 以上（500 G/T 未満を除く）の船舶は入航禁止 　ただし，港長の指示を受けた船舶は入航可 ・50 m 未満又は 500 G/T 未満の船舶は入航可
自由信号	毎3秒に赤色光1閃・白色光1閃 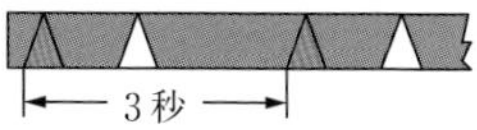 ←3秒→ 黒▼鼓形 	 Fの文字の点滅	・140 m（油送船は 1,000 G/T）以上の船舶は入出航禁止 ・その他は入出航可
禁止信号	毎6秒に赤色光3閃・白色光3閃 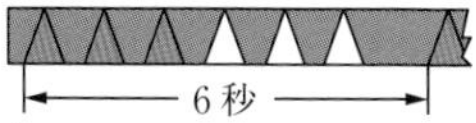 ←6秒→ 黒▼鼓形  赤▨方旗	 Xの文字の点灯	・港長の指示する船舶以外の船舶は入出航禁止

図7-4　電光掲示板の説明図，閃光の説明図

＊本条の規定は，第45条（準用規定）により，特定港以外の港にも準用される。

══ 第39条 交通制限等 ══

> **第39条** 港長は，船舶交通の安全のため必要があると認めるときは，特定港内において航路又は区域を指定して，船舶の交通を制限し又は禁止することができる。
>
> 2 前項の規定により指定した航路又は区域及び同項の規定による制限又は禁止の期間は，港長がこれを公示する。
>
> 3 港長は，異常な気象又は海象，海難の発生その他の事情により特定港内において船舶交通の危険が生じ，又は船舶交通の混雑が生ずるおそれがある場合において，当該水域における危険を防止し，又は混雑を緩和するため必要があると認めるときは，必要な限度において，当該水域に進行してくる船舶の航行を制限し，若しくは禁止し，又は特定港内若しくは特定港の境界付近にある船舶に対し，停泊する場所若しくは方法を指定し，移動を制限し，若しくは特定港内若しくは特定港の境界付近から退去することを命ずることができる。ただし，海洋汚染等及び海上災害の防止に関する法律第42条の8の規定の適用がある場合は，この限りでない。
>
> 4 港長は，異常な気象又は海象，海難の発生その他の事情により特定港内において船舶交通の危険を生ずるおそれがあると予想される場合において，必要があると認めるときは，特定港内又は特定港の境界付近にある船舶に対し，危険の防止の円滑な実施のために必要な措置を講ずべきことを勧告することができる。

　特定港内において，船舶交通の安全を阻害するような事態が生じた場合に，**港長が船舶の交通の制限・禁止を行うことができる**ことを規定している。本規定は法第45条の規定により特定港以外の港にも準用される。

1. 一時的な交通制限（第1項）

　主として港内において工事あるいは作業等が行われる等，あらかじめ交通の阻害事情やその期間が判明している場合を想定した規定である。船舶交通の制限又は禁止ができるのは，船舶交通の安全上必要がある場合であり，その期間及び区域等も必要最小限に留めなければならない。

2. 一時的な交通制限の公示（第2項）

第1項の規定により船舶の交通を制限又は禁止する場合の方法等（期間, 場所, 制限内容等）について規定している。公示の方法としては, 特に規定されていないが, 以下のような方法で実施されている。

1）公示文を海上保安部署その他適当な場所の掲示板等に掲示する。
2）関係者へ通報する。
3）管区航行警報, 航行警報, 又は水路通報に掲載する。
4）海上交通情報, ラジオ放送, 無線放送を行う。

【例】

港長公示　第○○－○号
　港則法第39条第1項の規定により, 次のとおり船舶の航泊を禁止したから, 同条第2項の規定により公示する。
　　　令和○年4月22日

　　　　　　　　　　　　　　　　　　　　　　　　　○　○　港　長
　　　　　　○○港○○区○○東方海域における船舶禁止について
　○○港○○区○○防波堤築造工事のため, 下記により船舶（当該作業に従事する工事作業船, 警戒船等を除く。）の航泊を禁止する。
　　　　　　　　　　　　　　　　　記
1　期間　令和○年6月1日から当分の間
2　区域　次の各地点を順次に結んだ線及び岸線により囲まれた海面
　　　イ地点　北緯○○度○○分49.7秒　東経○○度○○分18.4秒（岸線上）
　　　ロ地点　北緯○○度○○分54.4秒　東経○○度○○分40.2秒
　　　ハ地点　北緯○○度○○分36.5秒　東経○○度○○分47.3秒
　　　ニ地点　北緯○○度○○分31.5秒　東経○○度○○分18.4秒（岸線上）
3　制限事項
　　船舶は, 上記第1項の期間中に上記第2項の区域において, 航行及び停泊をしてはならない。ただし, 港長が認めた船舶については除く。
4　標識
　　航泊禁止区域を明示するため, 次の各地点に赤旗及び黄色灯付黄色塗浮標（4秒1閃光）が設置される。
　（1）上記第2項のイ地点付近海上, ロ地点, ハ地点及びニ地点付近海上
　（2）上記第2項のイ, ロ地点の間, ロ, ハ地点の間, 及びハ, ニ地点の間
5　備考
　　工事区域周辺には, 警戒船が配備される。

図7-5　一時的な交通制限の公示（例）

3. 異常な気象等による危険防止のための交通制限（第3項）

異常な気象又は海象, 海難の発生等, 事前に把握することが困難な事由による船舶交通の危険を防止し, 又は混雑を緩和するため, **港長は特定港内に**

ある船舶に対して以下の交通制限ができることを規定している。

1）該当する水域に進行してくる船舶の航行を制限する。

2）該当する水域に進行してくる船舶の航行を禁止する。

3）特定港内又は特定港の境界付近にある船舶に対し，停泊する場所若しくは方法を指定し，移動を制限する。

4）特定港内又は特定港の境界付近から退去することを命ずる。

第1項の規定のように，あらかじめわかっているものではなく，公示をする時間的な余裕がない。緊急的な要素が大きく，速やかに対処しなければならない臨機の対応が必要となる。

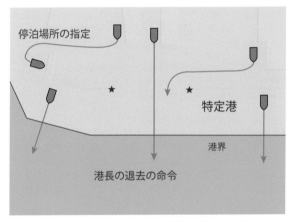

図7-6　航行制限，航行禁止，停泊場所指定，停泊方法指定，移動制限，退去命令

4. 異常な気象等による危険の防止のための港長の勧告（第4項）

異常な気象又は海象，海難の発生等により特定港内において船舶交通の危険を生ずるおそれのあると予想される場合，港長は特定港内又はその境界付近にある船舶に対し，危険の防止の円滑な実施のために必要な措置をすべきことを勧告できるとした規定である。以下に台風対策実施要領の避難勧告の例を示す。

勧告とは，命令とは異なり，行うべき対応・措置を勧めることであり，強制することではない。勧告を受けた船舶は，その勧告を尊重して危険防止，安全のための対応・措置を講ずるべきである。

第7章　雑則（第39条）

＊本条の規定は，第45条（準用規定）により，特定港以外の港にも準用される。

【例】

表7-4　台風・津波等対策委員会会則に示される台風対策実施要領（東京海上保安部）

区　分	措　置	伝達方法
第1警戒体制 （準備）	1. 在港船舶は荒天準備を行い必要に応じて直ちに運航できるよう準備する。 2. 木材は，河川運河筋の木材固め及び貯木場への収容等流出防止措置を講ずる。 3. 岸壁，工事現場等においては，資器材の流出防止措置を講ずる。 4. 流出防止措置を完了した木材及び資器材について厳重な警戒体制をとる。	1. ファックス等により伝達する。 2. 港内交通管制室から放送する。 3. インターネットによる周知。（東京海上保安部ホームページ及び携帯電話サイト）
第2警戒体制 （避難勧告）	1. 船舶は荒天準備を完了し厳重な警戒体制とする。 2. 小型船及び汽艇等は河川運河その他安全な場所に避難する。 3. 避難勧告を受けた船舶は，原則として港外に避難し，その他の船舶は港内外の適当な場所に錨泊又はけい留する。 4. 流出防止措置を完了した木材及び資器材について厳重な警戒体制をとる。	
入港制限	原則として総トン数3,000トン以上の船舶は，入港を見合わせ，港外で待機する。 ただし，旅客が乗船中の客船，フェリーにあってはこの限りでない。	
解　除	台風等の影響がなくなったので，警戒体制を解除する。	

（注1）避難勧告を受ける船舶は，東京湾海難防止協会「東京港の台風避難基準に関する調査検討結果報告書」の結果を尊重し，次の事項を含め委員会においてそのつど協議し，委員長が決定し，港則法第39条第4項に基づき港長が勧告する。
　①避難勧告は原則として，総トン数3,000トン（ブイけい留の船舶は総トン数2,000トン）以上の船舶に対して行う。
　②避難勧告を受けた船舶のうち，機関故障等の理由により，港外避難が安全上適当でないと判断され岸壁に止まる船は，係留強化等十分な安全対策を講じる
（注2）港長は，台風等の影響により港内または港の境界付近において船舶交通に危険，混雑が生じるおそれがあり，危険防止，又は混雑緩和のため必要と認める場合，港則法第39条第3項に基づき，航行の制限，禁止，移動制限，港外退去等について命令することができる。

第40条　原子力船に対する規制

第40条　港長は，核原料物質，核燃料物質及び原子炉の規制に関する法律（昭和32年法律第166号）第36条の2第4項の規定による国土交通大臣の指示があったとき，又は核燃料物質（使用済燃料を含む。以下同じ。），核燃料物

> 質によって汚染された物（原子核分裂生成物を含む。）若しくは原子炉による
> 災害を防止するため必要があると認めるときは，特定港内又は特定港の境界付
> 近にある原子力船に対し，航路若しくは停泊し，若しくは停留する場所を指定
> し，航法を指示し，移動を制限し，又は特定港内若しくは特定港の境界付近か
> ら退去することを命ずることができる。
> 2　第20条第1項の規定は，原子力船が特定港に入港しようとする場合に準用
> する。

　原子力船の核燃料物質等による危険性に対処するため，特定港又はその境界付近にある原子力船に対する規制について規定している。

1. 原子力船に対する災害防止のための交通規制（第1項）

　原子力船は，港則法上は一般商船と同様に扱われている。つまり，港においては，港則法の規定に従う義務を負う。また，港長は，停泊中の原子力船に対して移動を命ずることができ，船舶交通の安全を図るために必要があるときは，航路又は区域を指定して交通の制限をし，又は禁止することができる。

　さらに，特定港においては，原子力船の入出港の届出，錨地の指定，夜間入港の制限，泊地移動の制限，修繕及び係船に関する規制等に関しては，港則法の定めに従って行動しなければならない。しかし，港則法では当該船の使用するもの（燃料等）を危険物から除外しているため（法第20条第1項）原子力船が燃料として積載している核燃料物質については危険物として扱われず，危険物積載船に関する規定（特定港の境界外における港長の指揮等）が適用されない。

　そこで，原子力船に対しても，放射性物質が船外に漏れるなどの災害が発生する危険が予測される場合には，停泊・停留場所の指定等について，危険物積載船と同様の規制をし，港内における災害防止を図っている。

2. 原子力船に対する港の境界外での港長の指揮（第2項）

　原子力船に対しても危険物積載船と同様に，特定港に入港する際は，港の境界外において港長の指揮を受けなければならないと規定している。

＊本条の規定は，第45条（準用規定）により，特定港以外の港にも準用される。

第41条　港長が提供する情報の聴取

> **第41条**　港長は，特定船舶（小型船及び汽艇等以外の船舶であって，第18条第2項に規定する特定港内の船舶交通が特に著しく混雑するものとして国土交通省令で定める航路及び当該航路の周辺の特に船舶交通の安全を確保する必要があるものとして国土交通省令で定める当該特定港内の区域を航行するものをいう。以下この条及び次条において同じ。）に対し，国土交通省令で定めるところにより，船舶の沈没等の船舶交通の障害の発生に関する情報，他の船舶の進路を避けることが容易でない船舶の航行に関する情報その他の当該航路及び区域を安全に航行するために当該特定船舶において聴取することが必要と認められる情報として国土交通省令で定めるものを提供するものとする。
> 2　特定船舶は，前項に規定する航路及び区域を航行している間は，同項の規定により提供される情報を聴取しなければならない。ただし，聴取することが困難な場合として国土交通省令で定める場合は，この限りでない。

　第41条及び第42条は，船舶の安全な航行を援助するための措置を定めたものである。

1．港長の船舶の安全な航行を援助するための情報提供（第1項）

　港長は，次の特定船舶に対して，国土交通省令で定める次の情報を提供することを規定している。

（特定船舶）

(1)　小型船及び汽艇等以外の船舶であって第18条第2項に規定する特定港のうち，以下の航路及び区域を航行するもの。

　　①航路（則第20条の3　別表第5，中欄に示す航路）

　　　・千葉港　　千葉航路及び市原航路
　　　・京浜港　　東京東航路及び東京西航路，川崎航路，鶴見航路及び横浜航路
　　　・名古屋港　東航路，西航路及び北航路
　　　・関門港　　関門航路及び関門第二航路

　　②上記①の航路の周辺の特に船舶交通の安全を確保する必要があるものとして国土交通省令（則第20条の3第1項）で定める上記特定港内の区域
　　（則第20条の3，別表第5，表の右欄に示す4特定港内の区域）

第7章

雑　則（第41条）

129

＊京浜港横浜区の航路及び区域

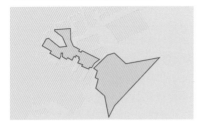

図7-7　港長が提供する情報の聴取-1

＊千葉港の航路及び区域

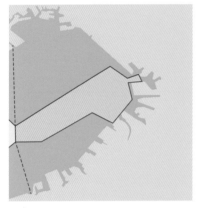

図7-8　港長が提供する情報の聴取-2

＊名古屋港の航路及び区域

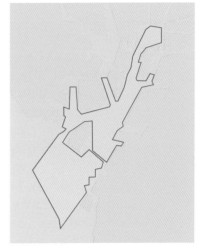

図7-9　港長が提供する情報の聴取-3

＊関門港の航路及び区域

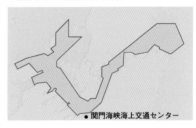

● 関門海峡海上交通センター

図7-10　港長が提供する情報の聴取-4

第7章

雑　則（第41条）

　情報の提供は，海上保安庁長官が告示で定めるところにより，VHF無線電話により行うものとする。(則第20条の3第2項)

(省令で定める情報：港長が提供する情報 (則第20条の3第3項))

(1) 特定船舶が第1項に規定する航路及び特定港内の区域において適用される交通方法に従わないで航行するおそれがあると認められる場合における，当該交通方法に関する情報

(2) 船舶の沈没，航路標識の機能の障害その他の船舶交通の障害であって，特定船舶の航行の安全に著しい支障を及ぼすおそれのあるものの発生に関

する情報

(3) 特定船舶が，工事又は作業が行われている海域，水深が著しく浅い海域その他の特定船舶が安全に航行することが困難な海域に著しく接近するおそれがある場合における，当該海域に関する情報

(4) 他の船舶の進路を避けることが容易でない船舶であって，その航行により特定船舶の航行の安全に著しい支障を及ぼすおそれのあるものに関する情報

(5) 特定船舶が他の特定船舶に著しく接近するおそれがあると認められる場合における，当該他の特定船舶に関する情報

(6) 前各号に掲げるもののほか，特定船舶において聴取することが必要と認められる情報

2. 特定船舶の情報の聴取（第2項）

特定船舶が第1項に示す航路及び区域を航行している間は，港長が提供する情報を聴取しなければならない。ただし以下の場合を除く。

（省令で定める聴取することが困難な場合（則20条の4））

(1) VHF無線電話を備えていない場合

(2) 電波の伝搬障害等によりVHF無線電話による通信が困難な場合

(3) 他の船舶等とVHF無線電話による通信を行っている場合

第42条　航法の遵守及び危険の防止のための勧告

第42条　港長は，特定船舶が前条第1項に規定する航路及び区域において適用される交通方法に従わないで航行するおそれがあると認める場合又は他の船舶若しくは障害物に著しく接近するおそれその他の特定船舶の航行に危険が生ずるおそれがあると認める場合において，当該交通方法を遵守させ，又は当該危険を防止するため必要があると認めるときは，必要な限度において，当該特定船舶に対し，国土交通省令で定めるところにより，進路の変更その他の必要な措置を講ずべきことを勧告することができる。

2　港長は，必要があると認めるときは，前項の規定による勧告を受けた特定船舶に対し，その勧告に基づき講じた措置について報告を求めることができる。

第7章　雑　則（第42条）

船舶の安全な航行を援助するための措置を規定している。

1. 航法の遵守及び危険防止のための勧告（第1項）

港長は，特定船舶が前条第1項に規定する航路及び区域において，

1) 適用される交通方法に従わないで航行するおそれがあると認めるとき
2) 他の船舶若しくは障害物に著しく接近するおそれがあると認めるとき
3) その他の特定船舶の航行に危険が生ずるおそれがあると認めるとき

  (1) 当該交通方法を遵守させるため，

  (2) 当該危険を防止するため，

必要と認めるときは，必要な限度において，当該特定船舶に対して国土交通省令に定める方法により，

  a) 進路の変更

  b) その他必要な措置を講ずること

勧告することができる。

（国土交通省令が定める方法（則第20条5））

勧告は，海上保安庁長官が告示で定めるところにより，VHF無線電話その他の適切な方法により行う。

2. 勧告を受けた特定船舶の講じた措置の報告（第2項）

港長は，必要があると認めるときは，勧告を受けた特定船舶に対してその勧告に基づいて実施した措置について報告を求めることができる。これにより，港長は当該特定船舶が講じた措置が適切であったかどうかを確かめ，船舶交通の安全を図ることができる。

≡ 第43条 異常気象等時特定船舶に対する情報の提供等 ≡

第43条 港長は異常な気象又は海象による船舶交通の危険を防止するため必要があると認めるときは，異常気象等時特定船舶（小型船及び汽艇等以外の船舶であって，特定港内及び特定港の境界付近の区域のうち，異常な気象又は海象が発生した場合に特に船舶交通の安全を確保する必要があるものとして国土交通省令で定める区域において航行し，停留し，又はびょう泊をしているものをいう。以下この条及び次条において同じ。）に対し，国土交通省令で定めると

ころにより，当該異常気象等時特定船舶の進路前方にびょう泊している他の船
舶に関する情報，当該異常気象等時特定船舶のびょう泊に異状が生ずるおそれ
に関する情報その他の当該区域において安全に航行し，停留し，又はびょう泊
するために当該異常気象等時特定船舶において聴取することが必要と認められ
る情報として国土交通省令で定めるものを提供するものとする。

2　前項の規定により情報を提供する期間は，港長がこれを公示する。

3　異常気象等時特定船舶は，第一項に規定する区域において航行し，停留し，
又はびょう泊している間は，同項の規定により提供される情報を聴取しなけれ
ばならない。ただし，聴取することが困難な場合として国土交通省令で定める
場合は，この限りでない。

　近年，世界中で気象災害が頻発している。平成30年（2018年）9月4日に
は，台風21号による強風（瞬間最大風速58.1m/s）の影響で走錨した船舶（油
タンカー，2591トン）が，関西国際空港連絡橋に衝突する事故が発生した。翌
令和元年（2019年）9月8日から9日にかけて首都圏を直撃した台風15号で
は，東京湾に停泊していた345隻のうち，3分の1にあたる107隻が走錨し
た可能性があることが，第三管区海上保安本部の調べでわかった。

　このような異常気象等が頻
発し，激甚化する状況におい
て，特に勢力の大きな台風の
直撃が予想される等の場合に，
風の影響を強く受ける大型の
船舶に湾外その他の安全な海
域への避難を促す新たな制度
の創設などにより，船舶交通
の安全を確保することを目的
とした「海上交通安全法等の
一部改正する法律」が2021
年7月1日から施行され，台
風来襲による事故の防止の一層の強化が図られた。

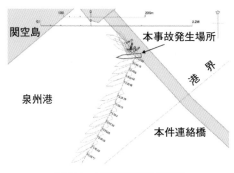

図7-11　大阪湾走錨事故の概要
（運輸安全委員会事故報告書）

第7章

雑　則（第43条）

＜海上交通センターによる情報提供＞

・海上交通センターは，湾内で錨泊・航行する船舶に対し，船舶の走錨のおそれなど事故防止に資する情報を提供することとし，一定の海域において当該情報の聴取を義務化している。

・また，海上交通センターにおいて，船舶同士の異常な接近や，船舶の臨海部に立地する施設等への接近等を認めた場合，当該船舶に対し，接近を回避する等の危険回避措置を勧告する。当該勧告を受けた船舶に対し，講じた措置の報告を要請できる。

・情報聴取義務海域については，法施行に合わせ，東京湾アクアライン周辺海域及び京浜港の横浜・川崎沖を設定。なお，関西国際空港周辺海域については，所要の体制整備を踏まえて設定する予定となっている。(令和4年度中を予定)

・湾外避難等を安全に実施するためには，気象庁から提供される台風に関する各種情報の入手に加え，船長等を含む船舶運航者が，避難予定先の海域における錨泊船による混雑状況や，経路上の風向・風速等を適切に把握し，避難場所，避難時期，避難方法等について適切に判断する必要があり，海上保安庁は各種情報をホームページで提供している。

　例) 各海上交通センターのHPにおいて「錨泊船情報」を30分毎に提供している。(図7-12)

　他にも「海の安全情報」では"気象現況"，"気象警報・注意報"，"緊急情報"，"海上安全情報"，"ライブカメラ映像"を提供している。

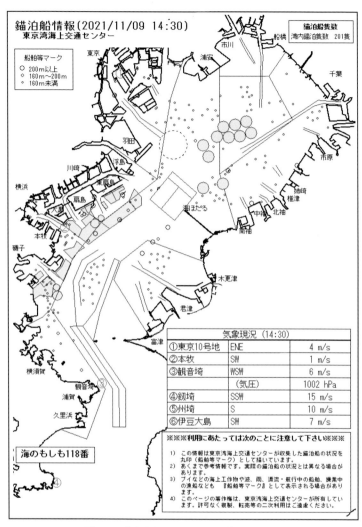

図7-12　東京湾海上交通センター「錨泊船情報」

第44条　異常気象等時特定船舶に対する危険の防止のための勧告

> **第44条**　港長は，異常な気象又は海象により，異常気象等時特定船舶が他の船舶又は工作物に著しく接近するおそれその他の異常気象等時特定船舶の航行，停留又はびょう泊に危険が生ずるおそれがあると認める場合において，当該危険を防止するため必要があると認めるときは，必要な限度において，当該異常気象等時特定船舶に対し，国土交通省令で定めるところにより，進路の変更その他の必要な措置を講ずべきことを勧告することができる。
>
> 2　港長は，必要があると認めるときは，前項の規定による勧告を受けた異常気象等時特定船舶に対し，その勧告に基づき講じた措置について報告を求めることができる。

(1) 湾外避難等の勧告・命令制度　＜対象となる台風＞

・異常気象等が激甚化・頻発化する中，近年の走錨による事故の状況等を踏まえ，対象海域への到達時に最大風速40 m/s以上の暴風域を伴う台風を対象とする。

・気象庁が発表する台風の5日間予報（位置，進路，速力最大（瞬間）風速，暴風域の範囲等）に基づき，勧告を発出する必要性，勧告等について的確に判断する。

(2) 湾外避難等の勧告・命令制度　＜対象となる海域＞

・勧告の対象となる海域は，地理的な一体性のほか，異常気象等による航行環境等への影響やそれに応じた避難行動の共通性を踏まえ，設定されている。

・具体的には，東京湾及び伊勢湾は各湾を単位として，瀬戸内海は3つの海域に区分して設定し，それぞれで運用基準を策定する。

・なお，協議会を勧告の対象となる海域毎に設置する。

第7章

雑則（第44条）

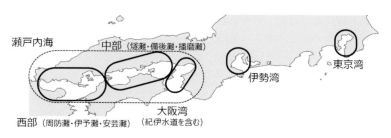

図 7-13　勧告の対象海域

表 7-5　勧告の対象海域と協議会

勧告の対象海域の名称	勧告発出権者	法定協議会の名称（仮称）	主催者
東京湾	三本部長	東京湾台風等対策協議会	三本部長
伊勢湾	四本部長	伊勢湾・三河湾台風等対策協議会	四本部長
大阪湾	五本部長	大阪湾・紀伊水道台風等対策協議会	五本部長
瀬戸内海中部	六・五本部長（共同）	瀬戸内海中部台風等対策協議会	六本部長
瀬戸内海西部	六・五本部長（共同）	瀬戸内海西部台風等対策協議会	六本部長

(3) 湾外避難等の勧告・命令制度　＜海域別の対象となる船舶等の内容＞

【東京湾】

・風の影響を受けやすいコンテナ船，自動車運搬船等（高乾舷船）及び事故発生時に船舶交通に重大な危険を及ぼす危険物船のうち，一定の大型船を対象とし，湾外への避難及び入湾回避を促す。

・特に錨泊船による混雑が著しいと予想される海域であることから，上記に加え，台風による影響がある一定期間（強風域が到達する 12 時間前から暴風域が通過するまでの間），全ての船舶を対象とし，入湾の回避を促す。

【伊勢湾，瀬戸内海（大阪湾を含む）】

・風の影響を受けやすいコンテナ船，自動車運搬船等（高乾舷船）及び事故発生時に船舶交通に重大な危険を及ぼす危険物船のうち，一定の大型船を対象とし，湾外への避難及び入湾回避を促す。

・ただし，強風を遮る島影等が多数ある等の海域もあることから，上記の船舶であっても，台風の影響の少ない海域内で安全に避泊・避難できる場合は，この限りでない。

第7章

雑則（第44条）

137

(4) 湾外避難等の勧告・命令制度　＜協議会開催〜勧告発出〜勧告解除＞

・湾外避難等の勧告に係る一連の流れとしては，勧告発出に当たっての協議会の開催（強風域到達の3日程度前），勧告の発出（強風域到達の2日程度前），勧告の解除（強風域通過後等）を想定している。

・また，港則法の特定港等における任意の協議会と緊密に連携するほか，港内にある湾外避難等の対象船舶については管区本部長（海上保安庁長官から委任）が必要な港長（海上保安部署長）の権限を代行する。

表7-6　湾内及び港内における勧告発出の主な流れ（東京湾の例）

時間経過	湾内（本部長の権限）	港内（港長の権限）
台風強風域到達3日程度前	東京湾台風等対策協議会 ・湾外避難等の勧告発出の必要性，発出の日時を協議	京浜港等の台風対策協議会 ・東京湾台風等対策協議会の方針を共有 ・港外避難等の勧告発出の必要性
台風強風域到達2日程度前	湾外避難等の勧告発出	港外避難の勧告発出 ・湾外避難対象船舶：本部長が発出（権限代行）
台風強風域到達十数時間前から数時間程度前	＜参考＞臨海部に立地する施設関連の勧告発出	＜参考＞第一体制（避難準備）の勧告発出(港長) 第二体制（港外避難）の勧告発出(港長) 臨海部に立地する施設関連の勧告発出(港長)
台風強風域到達		
台風強風域通過後等	湾外避難等の勧告の解除 ＜参考＞臨海部に立地する施設関連の勧告解除	港外避難の勧告の解除 ・湾外避難対象船舶：本部長が発出（権限代行） ＜参考＞第二体制（港外避難）の勧告解除(港長) 臨海部に立地する施設関連の勧告解除(港長)

(5) 協議会制度

・協議会は，勧告対象となる海域毎に，各管区本部長が主催し，船舶運航関係者，関係行政機関等の広範・多様な関係者により構成される。

・協議会において，勧告の運用ルールについてあらかじめ協議・合意（構成員には協議結果の尊重義務）される。

・なお，港則法の適用港に設置される協議会（法定外）とも緊密に連絡調整等を図る。

・協議会の運営に当たり，会則の整備のほか，オンライン参加，最寄りの港

長等への協議の一任，書面による意見提出等の参加しやすい環境の整備に
努める。

○構成員
・船舶運航関係者：船主協会，内航総連，旅客船協会，外国船舶協会，水先
人会，船長協会，海員組合等
・関係地方行政機関：地方運輸局，地方整備局，地方気象台等
・その他：港湾管理者，学識経験者，係留施設管理者，船舶代理店業協会，
港湾荷役・運送業団体，海難防止協会

第45条　準用規定

第45条　第9条，第25条，第28条，第31条，第36条第2項，第37条第
2項及び第38条から第40条までの規定は，特定港以外の港について準用す
る。この場合において，これらに規定する港長の職権は，当該港の所在地を管
轄する管区海上保安本部の事務所であって国土交通省令[1]で定めるものの長が
これを行うものとする。

1）則第20条の3

特定港以外に準用される規定
(1) 停泊船舶に対する移動命令（第9条）
(2) 漂流物等の除去命令（第25条）
(3) 私設信号の許可（第28条）
(4) 工事等の許可及び措置命令（第31条）
(5) 強力な灯火の減光又は被覆命令（第36条第2項）
(6) 引火性の液体の浮流時の喫煙又は火気取扱いの制限又は禁止命令（第37
条第2項）
(7) 船舶交通の制限等（第38条及び第39条）
(8) 原子力船に対する規制（第40条）

準用規定の港長の職権
　特定港以外の港に，上記の規定が準用される場合は，その港に港長がいな

第7章　雑則（第45条）

いので，それぞれの規定に定められている港長の職権は，その港の所在地を所管する管区海上保安本部の事務所であって国土交通省令（則第20条の6）で定める当該港の所在地を管轄する海上保安監部，海上保安部又は海上保安航空基地の長がこれを行う。

≡ 第46条 非常災害時における海上保安庁長官の措置等 ≡

> **第46条** 海上保安庁長官は，海上交通安全法第37条第1項に規定する非常災害発生周知措置（以下この項において「非常災害発生周知措置」という。）をとるときは，あわせて，非常災害が発生した旨及びこれにより当該非常災害発生周知措置に係る指定海域に隣接する指定港内において船舶交通の危険が生ずるおそれがある旨を当該指定港内にある船舶に対し周知させる措置（次条及び第48条第2項において「指定港非常災害発生周知措置」という。）をとらなければならない。
>
> 2 海上保安庁長官は，海上交通安全法第37条第2項に規定する非常災害解除周知措置（以下この項において「非常災害解除周知措置」という。）をとるときは，あわせて，当該非常災害解除周知措置に係る指定海域に隣接する指定港内において，当該非常災害の発生により船舶交通の危険が生ずるおそれがなくなった旨又は当該非常災害の発生により生じた船舶交通の危険がおおむねなくなった旨を当該指定港内にある船舶に対し周知させる措置（次条及び第48条第2項において「指定港非常災害解除周知措置」という。）をとらなければならない。

1. 非常災害発生周知措置（第1項）

　非常災害が発生した場合における船舶交通の危険を防止するために，海上保安庁長官が船舶に対して移動等を命ずることができる。

　海上保安庁長官は，非常災害が発生し，これにより指定海域において船舶交通の危険が生ずるおそれがある場合において，当該危険を防止する必要があるときは，

・非常災害が発生した旨

・これにより船舶交通の危険が生じるおそれがある旨

　指定港内にある船舶に対して周知させる措置（非常災害発生周知措置）をとら

なければならない。

2. 非常災害解除周知措置（第2項）

また，同様に海上保安庁長官は，
・非常災害の発生により船舶交通の危険が生ずるおそれがなくなった旨
・非常災害の発生により生じた船舶交通の危険がおおむねなくなった旨
指定港内にある船舶に対して周知させる措置（非常災害解除周知措置）をとらなければならない。

本条の「非常災害発生周知措置」及び「非常災害解除周知措置」は，いずれも海上交通安全法第37条と連動して行われる。海上交通安全法第37条は，「非常災害発生周知措置等」として以下のように規定している。

【参考】

（非常災害発生周知措置等）
第37条　海上保安庁長官は，非常災害が発生し，これにより指定海域において船舶交通の危険が生ずるおそれがある場合において，当該危険を防止する必要があると認めるときは，直ちに，非常災害が発生した旨及びこれにより当該指定海域において当該危険が生ずるおそれがある旨を当該指定海域及びその周辺海域にある船舶に対し周知させる措置（以下「非常災害発生周知措置」という。）をとらなければならない。
2　海上保安庁長官は，非常災害発生周知措置をとった後，当該指定海域において，当該非常災害の発生により船舶交通の危険が生ずるおそれがなくなったと認めるとき，又は当該非常災害の発生により生じた船舶交通の危険がおおむねなくなったと認めるときは，速やかに，その旨を当該指定海域及びその周辺海域にある船舶に対し周知させる措置（次条及び第39条において「非常災害解除周知措置」という。）をとらなければならない。

第7章　雑則（第46条）

═ 第47条　非常災害時における海上保安庁長官の措置等 ═

> **第47条**　海上保安庁長官は，指定港非常災害発生周知措置をとったときは，指定港非常災害解除周知措置をとるまでの間，当該指定港非常災害発生周知措置に係る指定港内にある海上交通安全法第4条本文に規定する船舶（以下この条において「指定港内船舶」という。）に対し，国土交通省令[1]で定めるところにより非常災害の発生の状況に関する情報，船舶交通の制限の実施に関する情報その他の当該指定港内船舶が航行の安全を確保するために聴取することが必要と認められる情報として国土交通省令[1]で定めるものを提供するものとする。
>
> 2　指定港内船舶は，指定港非常災害発生周知措置がとられたときは，指定港非常災害解除周知措置がとられるまでの間，前項の規定により提供される情報を聴取しなければならない。ただし，聴取することが困難な場合として国土交通省令[2]で定める場合は，この限りではない。

1）則第20条の10，第20条の12

2）則第20条の11

1. 指定港非常災害発生周知措置（第1項）

　本条の規定による指定港内船舶に対する情報の提供は VHF 無線電話で行われ，次の情報である。

(1) 非常災害の発生の状況に関する情報

(2) 船舶交通の制限の実施に関する情報

(3) 船舶の沈没，航路標識の機能の障害その他船舶交通の障害であり，指定港内船舶の航行の安全に著しい支障を及ぼすおそれのあるものの発生に関する情報

(4) 指定港内船舶が，船舶のびょう泊により著しく混雑する海域，水深が著しく浅い海域その他の指定港内船舶が航行の安全を確保することが困難な海域に著しく接近するおそれがある場合における，当該海域に関する情報

(5) 上記（1）〜（4）以外で指定港内船舶が航行の安全を確保するために聴取することが必要と認められる情報

（則第20条の10）

　例えば津波が発生した場合には，以下の情報が考えられる。

①津波そのものの情報（発生場所，大きさ，到達予想時刻など）

②津波発生にともなう入港制限に関する情報など

③津波による船舶の沈没，乗揚げ，漂流などの状況，航路標識の移動や破損の情報など

④津波発生により多くの船舶が錨泊避難することにともなう船舶の混雑状況，津波被害による海底の状況など

写真7-2　海上保安新聞
2015年8月19日より

⑤津波発生の原因の地震による地形の変化，油や化学薬品の流出など

＊「指定港内船舶」：指定港非常災害発生周知措置に係る指定港内にある海上交通安全法第4条本文に規定する船舶（長さ50m以上の船舶）

2. 情報の聴取（第2項）

指定港内船舶は非常災害発生周知措置が取られている間は第1項の情報を聴取しなければならない。ただし以下の場合は除く。

（1）VHF無線電話を備えていない場合

（2）電波の伝搬障害等によりVHF無線電話による通信が困難な場合

（3）他の船舶等とVHF無線電話による通信を行っている場合

本条ではVHF無線電話のみを対象としているが，非常災害が発生した場合は，VHF無線電話のみではなく，電話，テレビ，ラジオ，NAVTEX，NAVAREA，航行警報などあらゆる手段を活用して最新で正確な情報を入手するようにするべきである。

═══ 第48条　海上保安庁長官による港長等の職権の代行 ═══

第48条　海上保安庁長官は，海上交通安全法第32条第1項第3号の規定により同項に規定する海域からの退去を命じ，又は同条第2項の規定により同項に規定する海域からの退去を勧告しようとする場合において，これらの海域及び当該海域に隣接する港からの船舶の退去を一体的に行う必要があると認める

第7章

雑則（第48条）

> ときは，当該港が特定港である場合にあっては当該特定港の港長に代わって第39条第3項及び第4項に規定する職権を，当該港が特定港以外の港である場合にあっては当該港に係る第45条に規定する管区海上保安本部の事務所の長に代わって同条において準用する第39条第3項及び第4項に規定する職権を行うものとする。
>
> 2　海上保安庁長官は，指定港非常災害発生周知措置をとったときは，指定港非常災害解除周知措置をとるまでの間，当該指定港非常災害発生周知措置に係る指定港が特定港である場合にあっては当該指定港の港長に代わって第5条第2項及び第3項，第6条，第9条，第14条，第20条第1項，第21条，第24条，第38条第1項，第2項及び第4項，第39条第3項，第40条，第41条第1項，第42条，第43条第1項並びに第44条に規定する職権を，当該指定港が特定港以外の港である場合にあっては当該指定港に係る第45条に規定する管区海上保安本部の事務所の長に代わって同条第2項において準用する第9条，第38条第1項，第2項及び第4項，第39条第3項並びに第40条に規定する職権を行うものとする。

則第20条の12

　本条は非常災害が発生した場合で，指定港非常災害発生周知措置がとられた場合は，海上保安庁長官は港長（特定港）又は管区海上保安本部の事務所の長の有する港則法で規定する職権を行使することを定めている。その内容は以下のとおりである。

（特定港）
①錨地の指定（第5条第2項及び第3項）
②移動の制限（第6条）
③移動命令（第9条）
④航路外待機の指示（第14条）
⑤危険物積載船の港外での指揮（第20条第1項）
⑥危険物積載船の停泊場所指定（第21条）
⑦海難発生時の措置（第24条）
⑧管制航路における航行管制等（第38条第1項，第2項及び第4項）
⑨交通制限等（第39条第3項）
⑩原子力船に対する規制（第40条）

第7章　雑則（第48条）

⑪港長が提供する情報の聴取（第41条第1項）
⑫航法の遵守及び危険防止のための勧告（第42条）
（特定港以外の港）
①移動命令（第9条）
②管制航路における航行管制等（第38条第1項，第2項及び第4項）
③交通制限等（第39条第3項）
④原子力船に対する規制（第40条）

═ 第49条　非常災害時における海上保安庁長官の措置等 ═

> **第49条**　この法律の規定により海上保安庁長官の職権に属する事項は，国土交通省令[1]で定めるところにより，管区海上保安本部長に行わせることができる。
> 2　管区海上保安本部長は，国土交通省令[1]で定めるところにより，前項の規定によりその職権に属させられた事項の一部を管区海上保安本部の事務所の長に行わせることができる。

1）則第20条の12

　海上保安庁長官の職権を管区海上保安本部長及び管区海上保安本部の事務所の長に委任することを規定している。詳細は則第20条の12に以下のとおり定めている。

第20条の12　法第47条第1項及び法第48条第1項及び第2項の規定による海上保安庁長官の職権は，当該港の所在地を管轄する管区海上保安本部長に行わせる。
2　法第46条の規定による海上保安庁長官の職権は，当該指定港の所在地を管轄する管区海上保安本部も行うことができる。
3　管区海上保安本部長は，法第47条第1項及び法第48条第1項及び第2項の規定による職権を東京湾海上交通センターの長に行わせるものとする。

　現状では，指定海域及び指定港は東京湾と東京湾内の5港を指定しているので，管区海上保安本部長は，第3管区海上保安本部長となる。今後は大阪湾，伊勢湾などが指定された場合に対応している。また，現状は東京湾海上交通センターの長となっているが，今後他の海上交通センターも指定される

第7章

雑
則
（第49条）

ことが考えられる。

第50条　行政手続法の適用除外

> 第50条　第9条（第45条において準用する場合を含む。），第14条，第20
> 条第1項（第40条第2項（第45条において準用する場合を含む。）におい
> て準用する場合を含む。）又は第37条第2項若しくは第39条第3項（これ
> らの規定を第45条において準用する場合を含む。）の規定による処分につい
> ては，行政手続法（平成5年法律第88号）第3章の規定は，適用しない。
> 2　前項に定めるもののほか，この法律に基づく国土交通省令の規定による処分
> であって，港内における船舶交通の安全又は港内の整頓を図るためにその現場
> において行われるものについては，行政手続法第3章の規定は，適用しない。

　港長が法令に基づいて行う不利益について，行政手続法に定める不利益処
分の適用を除外することとした規定である。
　行政手続法（平成5年11月法律第88号，最終改正：平成26年6月13日法律第70
号）は処分，行政指導及び届出に関する手続並びに命令等を定める手続に関
し，共通する事項を定めることによって，行政運営における公正の確保と透
明性の向上を図り，国民の権利利益の保護に資することを目的とする法律で
ある。（法第1条：目的，第1項）
　この法律の第3章不利益処分（行政庁が，法令に基づいて特定の者を名あて人と
して，直接にこれに義務を課し，又はその権利を制限する処分をいう。同法第2条第4号）
について規定しており，『第1節　通則（第12条～第14条）』，『第2節　聴聞
（第15条～第28条）』，『第3節　弁明の機会の付与（第29条～第31条）』により
構成されている。
　行政手続法第3条（適用除外）第1項第13号の規定により，その場で生じ
ている事態に対応して臨機に適切な措置をとることが必要な，いわゆる現場
処分に準ずるものについては，個別法において適用除外規定を置くこととさ
れている。
(1)　第9条：特定港内の停泊船舶に対する移動命令（特定港以外の港に準用）
(2)　第14条：危険防止のための航路外待機の指示
(3)　第20条第1項（第40条第2項において準用する場合を含む。）：危険物を積載

した船舶に対する移動命令（特定港以外の港に準用）

（4）第37条第2項：特定港内の引火性の液体の浮流時の喫煙・火気の取扱いの制限・禁止（特定港以外の港に準用）

（5）第39条第3項：異常な気象等における航行の制限・禁止（特定港以外の港に準用）

　これらは現場において当該現場の安全確保及び秩序維持を図るために必要な処分については，状況の変化に即応して適時適切な判断を下す必要があり，行政手続法第3章の規定を適用除外としている。

　港則法に基づく国土交通省令の規定による処分であって，港内において船舶交通の安全又は港内の整頓を図るためにその現場において行われるものは，行政続法第3章（不利益処分）第12条〜第31条の規定は適用しない。

第7章

雑　則（第50条）

第51〜56条 罰 則

第51条 次の各号のいずれかに該当する者は，6月以下の懲役又は50万円以下の罰金に処する。

(1) 第21条，第22条第1項若しくは第4項又は第40条第2項（第45条において準用する場合を含む。）において準用する第20条第1項の規定の違反となるような行為をした者

(2) 第40条第1項（第45条において準用する場合を含む。）の規定による処分の違反となるような行為をした者

第52条 次の各号のいずれかに該当する者は，3月以下の懲役又は30万円以下の罰金に処する。

(1) 第5条第1項，第6条第1項，第11条，第12条又は第38条第1項（第45条において準用する場合を含む。）の規定の違反となるような行為をした者

(2) 第5条第2項の規定による指定を受けないで船舶を停泊させた者又は同条第4項に規定するびょう地以外の場所に船舶を停泊させた者

(3) 第7条第3項，第9条（第45条において準用する場合を含む。），第14条又は第39条第1項若しくは第3項（これらの規定を第45条において準用する場合を含む。）の規定による処分の違反となるような行為をした者

(4) 第24条の規定に違反した者

2 次の各号のいずれかに該当する場合には，その違反行為をした者は，3月以下の懲役又は30万円以下の罰金に処する。

(1) 第23条第1項又は第31条第1項（第45条において準用する場合を含む。）の規定に違反したとき。

(2) 第23条第3項又は第25条，第31条第2項，第36条第2項若しくは第38条第4項（これらの規定を第45条において準用する場合を含む。）の規定

による処分に違反したとき。

第53条 第37条第2項（第45条において準用する場合を含む。）の規定による処分に違反した者は，30万円以下の罰金に処する。

第54条 第4条，第7条第2項，第20条第1項又は第35条の規定の違反となるような行為をした者は，30万円以下の罰金又は科料に処する。

(1) 第7条第1項，第23条第2項，第28条（第45条において準用する場合を含む。），第32条，第33条又は第34条第1項の規定に違反したとき。

(2) 第34条第2項の規定による処分に違反したとき。

第55条 第10条の規定による国土交通省令の規定の違反となるような行為をした者は，30万円以下の罰金又は拘留若しくは科料に処する。

第56条 法人の代表者又は法人若しくは人の代理人，使用人その他の従業者がその法人又は人の業務に関して第52条第2項又は第54条第2項の違反行為をしたときは，行為者を罰するほか，その法人又は人に対しても各本条の罰金刑を科する。

罰則を設けているのは，本法に規定する事項に違反した場合の制裁を定めることにより，規定の履行を迫り，法の実効性を確保している。なお，罰則には，避航に関する違反については，定めていない。これは，状況判断が複雑なことが多いためである。

罰則について，遵守しないと罰則となる行為とその罰則を以下にまとめた。

※令和4（2022）年法律第68号の施行に基づき，港則法第51条及び第52条の本文中「懲役」は，令和7（2025）年6月1日から「拘禁刑」と改正されます。

第8章

罰　則（第51〜56条）

表8-1　罰則

罰　則	各条（港則法）
6月以下の懲役又は50万円以下の罰金 （第51条）	(1) 第21条（危険物を積載した船舶は特定港において港長の指定した場所に停泊・停留），第22条第1項，第4項（特定港において危険物の荷役の許可・運搬の許可）又は第40条第2項（原子力船の港長の特定港入港指揮（第20条第1項準用）・（第45条において準用（特定港以外の港において準用）する場合を含む。）の違反となるような行為をした者 (2) 第40条第1項（原子力船に対する災害防止のための港長の交通規制）（特定港以外の港に準用）の規定による処分の違反となるような行為をした者
3月以下の懲役又は30万円以下の罰金 （第52条）	(1) 第5条第1項（特定港内の一定区域に停泊），第6条第1項（移動の制限），第11条（航路による義務），第12条（航路内の投錨等の禁止）又は第38条第1項（管制航路の航行管制）（特定港以外の港に準用）の規定の違反となるような行為をした者 (2) 第5条第2項（特定港の錨地の指定を受けないで停泊）又は同条第4項（錨地以外の場所に停泊）の行為をさせた者 (3) 第7条第3項（修繕中等の船舶に必要な員数の船員の乗船，第9条（港長の移動命令）（特定港以外の港に準用），第14条（航路外待機の指示）又は第39条第1項（一時的な交通制限）若しくは第3項（異常な気象等による臨機の航行制限）（これらの規定は特定港以外の港に準用）の規定による処分の違反となるような行為をした者 (4) 第23条第1項（廃棄物の投捨て禁止）又は第31条第1項（特定港の工事等の許可）（特定港以外の港に準用）の規定に違反した者 (5) 第23条第3項（廃物・散乱物の除去命令）又は第25条（漂流物等の除去命令），第31条第2項（工事等の船舶交通の安全確保のための措置命令）若しくは第36条第2項（強力な灯火の減光・被覆命令）（これらの規定は特定港以外の港に準用）の規定による処分に違反した者 (6) 第24条（海難発生時に船長がとらなければならない措置）の規定に違反した者
30万円以下の罰金 （第53条）	第37条第2項（喫煙・火気取扱いの制限・禁止）（特定港以外の港に準用）の規定による処分に違反した者
30万円以下の罰金又は科料 （第54条）	(1) 第4条（入出港の届出），第7条第2項（修繕・係船の船舶は港長の指定する場所に停泊），第20条第1項（危険物を積載した船舶は港の境界外で港長の指揮を受ける）又は第35条（漁撈の制限）の規定の違反となるような行為をした者 (2) 第7条第1項（船舶の修繕・係船の届出），第23条第2項（散乱物の脱落防止の措置），第28条（私設信号の許可を受けること）（特定港以外の港に準用），第32条（端艇競争等の行事の許可を受けること），第33条（船舶の進水・ドックの出入の届出）又は第34条第1項（竹木材の荷卸し，筏の係留・運行の許可を受けること）の規定に違反した者 (3) 第34条第2項（同条第1項の許可（前記）をするための措置命令）の規定による処分に違反した者

第8章　罰　則（第51〜56条）

150

30万円以下の罰金又は拘留若しくは科料（第55条）	第10条（停泊の制限）の規定による国土交通省令の規定の違反となるような行為をした者
両罰規定（第56条）	次の規定の違反行為をしたときは，行為者を罰するほか，その法人等に対しても各本条の罰金刑を科する。 (1) 第23条第1項（廃物の投捨て禁止等）又は第3項（廃物・散乱物の除去命令，その他） (2) 第7条（船舶の修繕・係船の届出等）又は第34条（竹木材の荷卸し，筏の係留・運行の許可を受けることをするための措置命令）

＊両罰規定：法第56条が規定するように犯罪の行為者たる法人の代表者，又は法人若しくは人の代理人，使用人その他の従業者を罰するのみならず，その業務主体である法人又は本人を罰する規定のことである。

なお，業務主体である法人又は人に対して罰金を科する前提として，行為者が罰せられることが必要である。

　※令和4（2022）年法律第68号の施行に基づき，港則法第51条及び第52条の本文中「懲役」は，令和7（2025）年6月1日から「拘禁刑」と改正されます。

港則法施行令

昭和 40 年 6 月 22 日政令第 219 号

最終改正：令和 5 年 4 月 14 日政令第 165 号

　内閣は，港則法（昭和 23 年法律第 174 号）第 2 条及び第 3 条第 2 項の規定に基づき，この政令を制定する。

（港及びその区域）

第 1 条　港則法（以下「法」という。）第 2 条の港及びその区域は，別表第 1 のとおりとする。

（特定港）

第 2 条　法第 3 条第 2 項に規定する特定港は，別表第 2 のとおりとする。

　以下，附則は省略する。

別表第 1（第 1 条関係「港及びその区域」）

都道府県	港名	港の区域
北海道	枝幸	北見枝幸港島防波堤灯台（北緯 44 度 55 分 48 秒東経 142 度 36 分 2 秒）から 306 度 1,165 メートルの地点を中心とする半径 1,200 メートルの円内の海面
	雄武	雄武港新北防波堤灯台（北緯 44 度 35 分 10 秒東経 142 度 58 分 8 秒）から 303 度 530 メートルの地点を中心とする半径 1,000 メートルの円内の海面

沖縄県	石垣	観音埼西端から 180 度 3,500 メートルの地点まで引いた線，同地点から 130 度 1,500 メートルの地点まで引いた線，同地点から 90 度 4,900 メートルの地点まで引いた線，同地点から 0 度に引いた線及び陸岸により囲まれた海面

別表第 2（第 2 条関係「特定港」）

都道府県	特定港
北海道	根室，釧路，苫小牧，室蘭，函館，小樽，石狩湾，留萌，稚内
青森県	青森，むつ小川原，八戸
岩手県	釜石
宮城県	石巻，仙台塩釜
秋田県	秋田船川
山形県	酒田
福島県	相馬，小名浜

茨城県	日立，鹿島
千葉県	木更津，千葉
東京都 神奈川県	京浜
神奈川県	横須賀
新潟県	直江津，新潟，両津
富山県	伏木富山
石川県	七尾，金沢
福井県	敦賀，福井
静岡県	田子の浦，清水
愛知県	三河，衣浦，名古屋
三重県	四日市
京都府	宮津，舞鶴
大阪府	阪南，泉州
大阪府 兵庫県	阪神
兵庫県	東播磨，姫路
和歌山県	田辺，和歌山下津
鳥取県 島根県	境
島根県	浜田
岡山県	宇野，水島
広島県	福山，尾道糸崎，呉，広島
山口県	岩国，柳井，徳山下松，三田尻中関，宇部，萩
山口県 福岡県	関門
徳島県	徳島小松島
香川県	坂出，高松
愛媛県	松山，今治，新居浜，三島川之江
高知県	高知
福岡県	博多，三池
佐賀県	唐津
佐賀県 長崎県	伊万里
長崎県	長崎，佐世保，厳原
熊本県	八代，三角
大分県	大分
宮崎県	細島
鹿児島県	鹿児島，喜入，名瀬
沖縄県	金武中城，那覇

（指定港）

第3条　法第3条3項に規定する指定港は，別表第3のとおりとする。

別表第3（第3条関係「指定港」）

都道府県	指定港
千葉県	館山，木更津，千葉
東京都 神奈川県	京浜
神奈川県	横須賀

　海上交通安全法により指定海域として東京湾を指定し，港則法により東京湾内の全ての港（5港）を指定している。

港則法施行規則

昭和 23 年 10 月 9 日運輸省令第 29 号

最終改正：令和 5 年 9 月 20 日国土交通省令第 72 号

港則法施行規則を次のように制定する。

目 次

第1章　通則

（入出港の届出）

第1条　港則法（昭和23年法律第174号。以下「法」という。）第4条の規定による届出は，次の区分により行わなければならない。

(1) 特定港に入港したときは，遅滞なく，次に掲げる事項を記載した入港届を提出しなければならない。

　イ　船舶の信号符字（信号符字を有しない船舶にあっては，船舶番号。次号において同じ。），名称，種類及び国籍

　ロ　船舶の総トン数

　ハ　船長の氏名並びに船舶の代理人の氏名又は名称及び住所

　ニ　直前の寄港地

　ホ　入港の日時及び停泊場所

　ヘ　積載貨物の種類

　ト　乗組員の数及び旅客の数

(2) 特定港を出港しようとするときは，次に掲げる事項を記載した出港届を提出しなければならない。

　イ　船舶の信号符字及び名称

　ロ　出港の日時及び次の仕向港

　ハ　前号イからハまでに掲げる事項（イに掲げる事項を除く。）のうち同号の入港届を提出した後に変更があった事項

2　特定港に入港した場合において出港の日時があらかじめ定まっているときは，前項の届出に代えて，同項第1号及び第2号ロに掲げる事項を記載した入出港届を提出してもよい。

3　前項の入出港届を提出した後において，出港の日時に変更があったときは，遅滞なく，その旨を届け出なければならない。

4　特定港内に運航又は操業の本拠を有し，当該港内における停泊場所及び1月間の入出港の日時があらかじめ定まっている場合において，漁船として使用されるときは，前3項の届出に代えて，当該1月間について，次の各号に掲げる事項を記載した書面を提出してもよい。ただし，当該書面を提出した場合において，当該期間が終了したときは，遅滞なく，当該期間の入出港の実績を記載した書面を提出しなければならない。

(1) 第1項第1号イ及びロに掲げる事項

(2) 船舶所有者（船舶所有者以外の者が当該船舶を運航している場合には，その者）の氏名又は名称及び住所

(3) 航行経路及び当該港内における停泊場所

(4) 予定する1月間の入出港の日時

5 避難その他船舶の事故等によるやむを得ない事情に係る特定港への入港又は特定港からの出港をしようとするときは，第1項から第3項までの届出に代えて，その旨を港長に届け出てもよい。ただし，港長が指定した船舶については，この限りでない。

第2条 次の各号のいずれかに該当する日本船舶は，前条の届出をすることを要しない。

(1) 総トン数20トン未満の汽船及び端舟その他ろかいのみをもって運転し，又は主としてろかいをもって運転する船舶

(2) 平水区域を航行区域とする船舶

(3) 旅客定期航路事業（海上運送法（昭和24年法律第187号）第2条第4項に規定する旅客定期航路事業をいう。）に使用される船舶であって，港長の指示する入港実績報告書及び次に掲げる書面を港長に提出しているもの

　イ　一般旅客定期航路事業（海上運送法第2条第5項に規定する一般旅客定期航路事業をいう。）に使用される船舶にあっては，同法第3条第2項第2号に規定する事業計画（変更された場合にあっては変更後のもの。）のうち航路及び当該船舶の明細に関する部分を記載した書面並びに同条第3項に規定する船舶運航計画（変更された場合にあっては変更後のもの。）のうち運航日程及び運航時刻並びに運航の時季に関する部分を記載した書面

　ロ　特定旅客定期航路事業（海上運送法第2条第5項に規定する特定旅客定期航路事業をいう。）に使用される船舶にあっては，同法第19条の3第2項の規定により準用される同法第3条第2項第2号に規定する事業計画（変更された場合にあっては変更後のもの。）のうち航路，当該船舶の明細，運航時刻及び運航の時季に関する部分を記載した書面

（港区）

第3条 法第5条第1項の規定による特定港内の区域及びこれに停泊すべき船舶は，別表第1のとおりとする。

2 前項に定めるもののほか，この省令における特定港内の区域については，

別表第1の港の名称の区分の欄ごとに，それぞれ同表の港区の欄及び境界の欄に掲げるとおりとする。

（びょう地の指定）

第4条　法第5条第2項の国土交通省令の定める船舶は，総トン数500トン（関門港若松区においては，総トン数300トン）以上の船舶（阪神港尼崎西宮芦屋区に停泊しようとする船舶を除く。）とする。

2　港長は，特に必要があると認めるときは，前項に規定する船舶以外の船舶に対してもびょう地の指定をすることができる。

3　法第5条第2項の国土交通省令の定める特定港は，京浜港，阪神港及び関門港とする。

4　法第5条第5項の規定により，特定港の係留施設の管理者は，当該係留施設を総トン数500トン（関門港若松区においては，総トン数300トン）以上の船舶の係留の用に供するときは，次に掲げる事項を港長に届け出なければならない。

(1)　係留の用に供する係留施設の名称

(2)　係留の用に供する時期又は期間

(3)　係留する船舶の国籍，船種，船名，総トン数，長さ及び最大喫水

(4)　係留する船舶の揚荷又は積荷の種類及び数量

5　特定港の係留施設の管理者は，次の各号の一に該当する船舶の係留の用に供するときは，前項の届出をすることを要しない。

(1)　第1条第4項の規定により，同項本文の書面を港長に提出している船舶

(2)　第2条第3号の規定により，同号の書面（港長の指示する入港実績報告書を除く。）を港長に提出している船舶

第5条　港長は，係留施設の使用に関する私設信号の許可をしたときは，これを海上保安庁長官に速やかに報告しなければならない。

2　びょう地の指定その他港内における船舶交通の安全の確保に関する船舶と港長との間の無線通信による連絡についての必要な事項は，海上保安庁長官が定める。

3　海上保安庁長官は，第1項の報告を受けたとき及び前項の連絡についての必要な事項を定めたときは，これを告示しなければならない。

（停泊の制限）

第6条　船舶は，港内においては，次に掲げる場所にみだりにびょう泊又は停留してはならない。

（1）ふ頭，桟橋，岸壁，係船浮標及びドックの付近

（2）河川，運河その他狭い水路及び船だまりの入口付近

第7条 港内に停泊する船舶は，異常な気象又は海象により，当該船舶の安全の確保に支障が生ずるおそれがあるときは，適当な予備びょうを投下する準備をしなければならない。この場合において汽船は，更に蒸気の発生その他直ちに運航できるように準備をしなければならない。

（航路）

第8条 法第11条の規定による特定港内の航路は，別表第2のとおりとする。

2　前項に定めるもののほか，この省令における特定港内の航路については，別表第2の上欄に掲げる港の名称の区分ごとに，それぞれ同表の中欄に掲げるとおりとする。

第8条の2 法第14条の規定による指示は，次の表の上欄に掲げる航路ごとに，同表の下欄に掲げる場合において，海上保安庁長官が告示で定めるところにより，VHF無線電話その他の適切な方法により行うものとする。

航　　路		危険を生ずるおそれのある場合
仙台塩釜港航路		視程が500メートル以下の状態で，総トン数500トン以上の船舶が航路を航行する場合
京浜港横浜航路		船舶の円滑な航行を妨げる停留その他の行為をしている船舶と航路を航行する長さ50メートル以上の他の船舶（数トン数500トン未満の船舶を除く。）との間に安全な間隔を確保することが困難となるおそれがある場合
関門港	関門航路	次の各号のいずれかに該当する場合 一　視程が500メートル以下の状態である場合 二　早鞆瀬戸において潮流をさかのぼって航路を航行する船舶が潮流の速度に4ノットを加えた速力（対水速力をいう。以下この表及び第38条において同じ。）以上の速力を保つことができずに航行するおそれがある場合
	関門第二航路 砂津航路 戸畑航路 若松航路 奥洞海航路 安瀬航路	視程が500メートル以下の状態である場合

第8条の3 法第18条第2項の国土交通省令で定める船舶交通が著しく混雑する特定港は，千葉港，京浜港，名古屋港，四日市港（第一航路及び午起航路に限る。以下この条において同じ。），阪神港（尼崎西宮芦屋区を除く。以下この条において同じ。）及び関門港（響新港区を除く。以下この条において同じ。）とし，同項の国土交通省令で定めるトン数は千葉港，

京浜港，名古屋港，四日市港及び阪神港においては総トン数500トン，関門港においては総トン数300トンとする。

第8条の4　法第18条第3項の国土交通省令で定める様式の標識は，国際信号旗数字旗1とする。

（えい航の制限）

第9条　船舶は，特定港内において，他の船舶その他の物件を引いて航行するときは，引船の船首から被えい物件の後端までの長さは200メートルを超えてはならない。

2　港長は，必要があると認めるときは，前項の制限を更に強化することができる。

（縫航の制限）

第10条　帆船は，特定港の航路内を縫航してはならない。

（進路の表示）

第11条　船舶は，港内又は港の境界付近を航行するときは，進路を他の船舶に知らせるため，海上保安庁長官が告示で定める記号を，船舶自動識別装置の目的地に関する情報として送信していなければならない。ただし，船舶自動識別装置を備えていない場合及び船員法施行規則（昭和22年運輸省令第23号）第3条の16ただし書の規定により船舶自動識別装置を作動させていない場合においては，この限りではない。

2　船舶は，釧路港，苫小牧港，函館港，秋田船川港，鹿島港，千葉港，京浜港，新潟港，名古屋港，四日市港，阪神港，水島港，関門港，博多港，長崎港又は那覇港の港内を航行するときは，前しょうその他の見やすい場所に海上保安庁長官が告示で定める信号旗を掲げて進路を表示するものとする。ただし，当該船舶が当該信号旗を有しない場合又は夜間においては，この限りでない。

（危険物の種類）

第12条　法第20条第2項の規定による危険物の種類は，危険物船舶運送及び貯蔵規則（昭和32年運輸省令第30号）第2条第1号に定める危険物及び同条第1号の2に定めるばら積み液体危険物のうち，これらの性状，危険の程度等を考慮して告示で定めるものとする。

（許可の申請）

第13条　法第21条ただし書の規定による許可の申請は，停泊の目的及び期間，停泊を希望する場所並びに危険物の種類，数量及び保管方法を記載

した申請書によりしなければならない。

第14条 法第22条第1項の規定による許可の申請は，作業の種類，期間及び場所並びに危険物の種類及び数量を記載した申請書によりしなければならない。

2 法第22条第4項の規定による許可の申請は，運搬の期間及び区間並びに危険物の種類及び数量を記載した申請書によりしなければならない。

第15条 法第28条（法第45条の規定により準用する場合を含む。）の規定による許可の申請は，私設信号の目的，方法及び内容並びに使用期間を記載した申請書によりしなければならない。

第16条 法第31条第1項（法第45条の規定により準用する場合を含む。）の規定による許可の申請は，工事又は作業の目的，方法，期間及び区域又は場所を記載した申請書によりしなければならない。

第17条 法第32条の規定による許可の申請は，行事の種類，目的，方法，期間及び区域又は場所を記載した申請書によりしなければならない。

第18条 法第34条第1項の規定による許可の申請は，貨物の種類及び数量，目的，方法，期間及び場所又は区域若しくは区間を記載した申請書によりしなければならない。

第19条 港長は，前6条に定める許可の申請について，特に必要があると認めるときは，各本条に規定する事項以外の事項を指定して申請させることができる。第15条及び第16条の場合において第20条の9に規定する管区海上保安本部の事務所の長についても，同様とする。

（進水等の届出）

第20条 法第33条の規定による特定港内の区域及び船舶の長さは，別表第3のとおりとする。

（船舶交通の制限等）

第20条の2 法第38条第1項（法第45条の規定により準用する場合を含む。）の国土交通省令で定める水路並びに法第38条第5項（法第45条の規定により準用する場合を含む。）の信号所の位置並びに信号の方法及び意味は，別表第4のとおりとする。

2 法第38条第4項の国土交通省令で定める水路は，次の各号に掲げる港ごとに，それぞれ当該各号に掲げるものとする。

(1) 千葉港　千葉航路及び市原航路

(2) 京浜港　東京東航路，東京西航路，鶴見航路，京浜運河，川崎航路及び

横浜航路

(3) 名古屋港　東水路，西水路及び北水路

3　法第38条第4項の規定により同条第2項に規定する船舶の運行に関し指示することができる事項は，次に掲げる事項とする。

(1) 水路を航行する予定時刻を変更すること。

(2) 船舶局のある船舶にあっては，水路入航予定時刻の3時間前から当該水路から水路外にでるときまでの間における海上保安庁との連絡を保持すること。

(3) 当該船舶の進路を警戒する船舶又は航行を補助する船舶を配備すること。

(4) 前各号に掲げるもののほか，当該船舶の運行に関し必要と認められる事項に関すること。

(港長による情報の提供)

第20条の3　法第41条第1項の国土交通省令で定める航路及び当該航路の周辺の国土交通省令で定める特定港内の区域は，別表第5のとおりとする。

2　法第41条第1項の規定による情報の提供は，海上保安庁長官が告示で定めるところにより，VHF無線電話により行うものとする。

3　法第41条第1項の国土交通省令で定める情報は，次に掲げる情報とする。

(1) 特定船舶が第1項に規定する航路及び特定港内の区域において適用される交通方法に従わないで航行するおそれがあると認められる場合における，当該交通方法に関する情報

(2) 船舶の沈没，航路標識の機能の障害その他の船舶交通の障害であって，特定船舶の航行の安全に著しい支障を及ぼすおそれのあるものの発生に関する情報

(3) 特定船舶が，工事又は作業が行われている海域，水深が著しく浅い海域その他の特定船舶が安全に航行することが困難な海域に著しく接近するおそれがある場合における，当該海域に関する情報

(4) 他の船舶の進路を避けることが容易でない船舶であって，その航行により特定船舶の航行の安全に著しい支障を及ぼすおそれのあるものに関する情報

(5) 特定船舶が他の特定船舶に著しく接近するおそれがあると認められる場合における，当該他の特定船舶に関する情報

(6) 前各号に掲げるもののほか，特定船舶において聴取することが必要と認められる情報

（情報の聴取が困難な場合）

第20条の4 法第41条第2項の国土交通省令で定める場合は，次に掲げる場合とする。

(1) VHF無線電話を備えていない場合

(2) 電波の伝搬障害等によりVHF無線電話による通信が困難な場合

(3) 他の船舶等とVHF無線電話による通信を行っている場合

（航法の遵守及び危険の防止のための勧告）

第20条の5 法第42条第1項の規定による勧告は，海上保安庁長官が告示で定めるところにより，VHF無線電話その他の適切な方法により行うものとする。

（異常気象等時特定船舶に対する情報の提供）

第20条の6 法第43条第1項の国土交通省令で定める区域は，別表第6のとおりとする。

2 法第43条第1項の規定による情報の提供は，海上保安庁長官が告示で定めるところにより，VHF無線電話により行うものとする。

3 法第43条第1項の国土交通省令で定める情報は，次に掲げる情報とする。

(1) 異常気象等時特定船舶の進路前方にびょう泊をしている他の船舶に関する情報

(2) 異常気象等時特定船舶のびょう泊に異状が生ずるおそれに関する情報

(3) 異常気象等時特定船舶の周辺にびょう泊をしている他の異常気象等時特定船舶のびょう泊の異状の発生又は発生のおそれに関する情報

(4) 船舶の沈没，航路標識の機能の障害その他の船舶交通の障害であって，異常気象等時特定船舶の航行，停留又はびょう泊の安全に著しい支障を及ぼすおそれのあるものの発生に関する情報

(5) 前各号に掲げるもののほか，当該区域において安全に航行し，停留し，又はびょう泊をするために異常気象等時特定船舶において聴取することが必要と認められる情報

（異常気象等時特定船舶において情報の聴取が困難な場合）

第20条の7 法第43条第3項の国土交通省令で定める場合は，次に掲げる場合とする。

(1) VHF無線電話を備えていない場合

(2) 電波の伝搬障害等によりVHF無線電話による通信が困難な場合

(3) 他の船舶等とVHF無線電話による通信を行っている場合

（異常気象等時特定船舶に対する危険の防止のための勧告）

第20条の8　法第44条第1項の規定による勧告は，海上保安庁長官が告示で定めるところにより，VHF無線電話その他の適切な方法により行うものとする。

（法第45条に規定する管区海上保安本部の事務所）

第20条の9　法第45条に規定する管区海上保安本部の事務所は，海上保安庁組織規則（平成13年国土交通省令第4号）第118条に規定する海上保安監部，海上保安部又は海上保安航空基地とする。

（指定港非常災害発生周知措置がとられた際の海上保安庁長官による情報の提供）

第20条の10　法第47条第1項の規定による情報の提供は，海上保安庁長官が告示で定めるところにより，VHF無線電話により行うものとする。

2　法第47条第1項の国土交通省令で定める情報は，次に掲げる情報とする。

（1）非常災害の発生の状況に関する情報

（2）船舶交通の制限の実施に関する情報

（3）船舶の沈没，航路標識の機能の障害その他の船舶交通の障害であって，指定港内船舶（法第47条第1項で規定する船舶をいう。以下この項において同じ。）の航行の安全に著しい支障を及ぼすおそれのあるものの発生に関する情報

（4）指定港内船舶が，船舶のびょう泊により著しく混雑する海域，水深が著しく浅い海域その他の指定港内船舶が航行の安全を確保することが困難な海域に著しく接近するおそれがある場合における，当該海域に関する情報

（5）前各号に掲げるもののほか，指定港内船舶が航行の安全を確保するために聴取することが必要と認められる情報

（指定港非常災害発生周知措置がとられた際の情報の聴取が困難な場合）

第20条の11　法第47条第2項の国土交通省令で定める場合は，次に掲げる場合とする。

（1）VHF無線電話を備えていない場合

（2）電波の伝搬障害等によりVHF無線電話による通信が困難な場合

（3）他の船舶等とVHF無線電話による通信を行っている場合

（職権の委任）

第20条の12　法第47条第1項及び法第48条第1項及び第2項の規定による海上保安庁長官の職権は，当該港の所在地を管轄する管区海上保安本部

長に行わせる。

2　法第46条の規定による海上保安庁長官の職権は，当該指定港の所在地を管轄する管区海上保安本部長も行うことができる。

3　管区海上保安本部長は，法第47条第1項及び法第48条第1項及び第2項の規定による職権を東京湾海上交通センターの長に行わせるものとする。

（適用除外）

第21条　あらかじめ港長の許可を受けた場合には，第1条及び第4条第4項の届出をすることを要しない。

2　あらかじめ港長の許可を受けた場合については，第9条第1項，第21条の4，第27条，第27条の2第4項，第27条の3第2項及び第3項，第30条，第31条，第34条，第37条並びに第47条の規定は，適用しない。

第21条の2　内航海運業法施行規則（昭和27年運輸省令第42号）第9号様式備考1括弧書の船舶に関する第4条第1項及び第4項，第8条の2，第27条の2第4項，第27条の3第2項，第29条の2第3項，第38条第1項第6号，第43条第1項，第46条第1項，第47条第3項，第50条第1項並びに別表第1（帆船に係る規定を除く。），別表第2及び別表第4の規定の適用については，これらの規定中「500トン」とあるのは，「510トン」とする。

第2章　各則

第1節　釧路港

（びょう泊等の制限）

第21条の3　船舶は，西区東防波堤，同防波堤南端から釧路港西区南防波堤東灯台（北緯42度59分21秒東経144度20分30秒）まで引いた線，西区南防波堤，釧路港西区南防波堤西灯台（北緯42度59分19秒東経144度18分42秒）から西区西防波堤突端まで引いた線，同防波堤及び陸岸により囲まれた海面においては，次に掲げる場合を除いては，びょう泊し，又はえい航している船舶その他の物件を放してはならない。

(1)　海難を避けようとするとき。

(2)　運転の自由を失ったとき。

(3)　人命又は急迫した危険のある船舶の救助に従事するとき。

（4）法第31条の規定による港長の許可を受けて工事又は作業に従事するとき。

（えい航の制限）

第21条の4　釧路港東第1区において，船舶が他の船舶その他の物件を引くときは，第9条第1項の規定にかかわらず，引船の船首から被えい物件の後端までの長さは100メートル，被えい物件の幅は15メートルを超えてはならない。

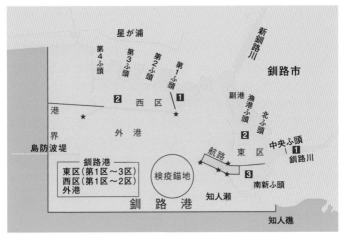

図8-1　釧路港

第1節の2　江名港及び中之作港

（特定航法）

第22条　汽船が江名港又は中之作港の防波堤の入口又は入口付近で他の汽船と出会うおそれのあるときは，出航する汽船は，防波堤の内で入航する汽船の進路を避けなければならない。

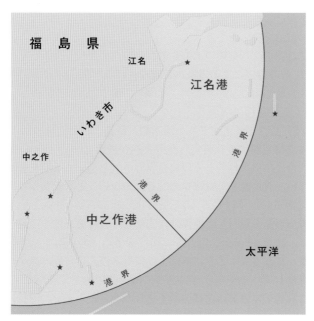

図 8-2　江名港・中之作港

（びょう泊等の制限）

第 23 条　船舶は，深芝公共岸壁北東端（北緯 35 度 55 分 33 秒東経 140 度 42 分）から 247 度 430 メートルの地点（以下この条において「A 地点」という。）から 55 度 900 メートルの地点まで引いた線，同地点から 35 度 870 メートルの地点まで引いた線，同地点から 3 度 30 分 2,670 メートルの地点まで引いた線，同地点から 273 度 30 分 480 メートルの地点まで引いた線，同地点から 183 度 30 分 2,510 メートルの地点まで引いた線，同地点から 215 度 940 メートルの地点まで引いた線，同地点から 235 度 560 メートルの地点まで引いた線及び同地点から A 地点まで引いた線により囲まれた海面（次条及び別表第 4 において「鹿島水路」という。）においては，次に掲げる場合を除いては，びょう泊し，又はえい航している船舶その他の物件を放してはならない。

(1) 海難を避けようとするとき。

(2) 運転の自由を失ったとき。

(3) 人命又は急迫した危険のある船舶の救助に従事するとき。

(4) 法第31条の規定による港長の許可を受けて工事又は作業に従事するとき。

(航行に関する注意)

第23条の2　長さ190メートル（油送船（原油，液化石油ガス若しくは密閉式引火点測定器により測定した引火点が摂氏23度未満の液体を積載しているもの又は引火性若しくは爆発性の蒸気を発する物質を荷卸し後ガス検定を行い，火災若しくは爆発のおそれのないことを船長が確認していないものに限る。以下同じ。）にあっては，総トン数1,000トン）以上の船舶は，鹿島水路を航行して鹿島港に入航し，又は鹿島港を出航しようとするときは，法第38条第2項各号に掲げる事項（同項第3号に掲げる事項は，入航しようとするときにあっては鹿島水路入口付近に達する予定時刻とし，出航しようとするときにあっては運航開始予定時刻とする。）を，それぞれ入航予定日又は運航開始予定日の前日正午までに港長に通報しなければならない。

2　前項の事項を通報した船舶は，当該事項に変更があったときは，直ちに，その旨を港長に通報しなければならない。

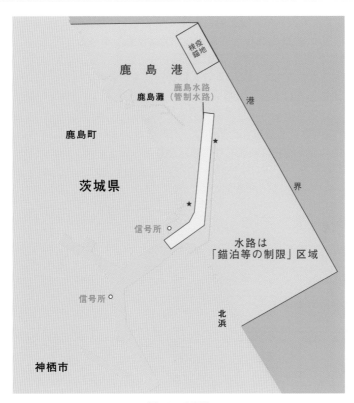

図8-3　鹿島港

（航行に関する注意）

第24条　長さ140メートル（油送船にあっては，総トン数1,000トン）以上の船舶は，千葉航路を航行して入航し，又は出航しようとするときは，法第38条第2項各号に掲げる事項（同項第3号に掲げる事項は，入航しようとするときにあっては当該航路入口付近に達する予定時刻とし，出航しようとするときにあっては運航開始予定時刻とする。）を，それぞれ入航予定日又は運航開始予定日の前日正午までに港長に通報しなければならない。

2 　長さ 125 メートル（油送船にあっては，総トン数 1,000 トン）以上の船舶は，市原航路を航行して入航し，又は出航しようとするときは，法第 38 条第 2 項各号に掲げる事項（同項第 3 号に掲げる事項は，入航しようとするときにあっては当該航路入口付近に達する予定時刻とし，出航しようとするときにあっては運航開始予定時刻とする。）を，それぞれ入航予定日又は運航開始予定日の前日正午までに港長に通報しなければならない。

3 　前 2 項の事項を通報した船舶は，当該事項に変更があったときは，直ちに，その旨を港長に通報しなければならない。

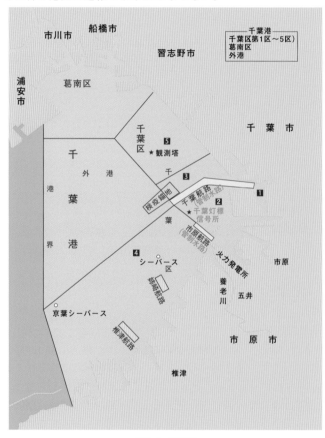

図 8-4　千葉港

| 第2節　京浜港 |

（停泊の制限）

第25条　京浜港において，はしけを他の船舶の船側に係留するときは，次の制限に従わなければならない。

(1)　東京第1区においては，1縦列を超えないこと。

(2)　東京第2区並びに横浜第1区，第2区及び第3区においては，3縦列を超えないこと。

(3)　川崎第1区及び横浜第4区においては，2縦列を超えないこと。

（びょう泊等の制限）

第26条　船舶は，川崎第1区及び横浜第4区においては，次に掲げる場合を除いては，びょう泊し，又はえい航している船舶その他の物件を放してはならない。

(1)　海難を避けようとするとき。

(2)　運転の自由を失なったとき。

(3)　人命又は急迫した危険のある船舶の救助に従事するとき。

(4)　法第31条の規定による港長の許可を受けて工事又は作業に従事するとき。

（えい航の制限）

第27条　船舶は，京浜港において，汽艇等を引くときは，第9条第1項の規定にかかわらず，次の制限に従わなければならない。

(1)　東京区河川運河水面（第1区内の隅田川水面並びに荒川及び中川放水路水面を除く。）においては，引船の船首から最後の汽艇等の船尾までの長さが150メートルを超えないこと。

(2)　川崎第1区及び横浜第4区において貨物等を積載した汽艇等を引くときは，午前7時から日没までの間は，引船の船首から最後の汽艇等の船尾までの長さが150メートルを超えないこと。

（特定航法）

第27条の2　船舶は，東京西航路において，周囲の状況を考慮し，次の各号のいずれにも該当する場合には，他の船舶を追い越すことができる。

(1)　当該他の船舶が自船を安全に通過させるための動作をとることを必要としないとき。

(2)　自船以外の船舶の進路を安全に避けられるとき。

第8章　港則法施行規則

2　前項の規定により汽船が他の船舶の右舷側を航行して追い越そうとするときは，汽笛またはサイレンをもって長音1回に引き続いて短音1回を，その左舷側を航行して追い越そうとするときは，長音1回に引き続いて短音2回を吹き鳴らさなければならない。

3　前項の規定は，東京第1区及び東京区河川運河水面において，汽船が他の船舶を追い越そうとする場合に準用する。

4　総トン数500トン以上の船舶は，13号地その2東端から中央防波堤内側内貿ふ頭岸壁北端（北緯35度36分25秒東経139度47分55秒）まで引いた線を超えて13号地その2南東側海面を西行してはならない。

第27条の3　船舶は，川崎第1区及び横浜第4区においては，他の船舶を追い越してはならない。ただし，前条第1項中「東京西航路」とあるのを「川崎第1区及び横浜第4区」と読み替えて適用した場合に同項各号のいずれにも該当する場合は，この限りでない。

2　総トン数500トン以上の船舶は，京浜運河を通り抜けてはならない。

3　総トン数1,000トン以上の船舶は，塩浜信号所から239度30分1,100メートルの地点から152度に東扇島まで引いた線を超えて京浜運河を西行してはならない。

4　総トン数1,000トン以上の船舶は，京浜運河において，午前6時30分から午前9時までの間は，船首を回転してはならない。

（航行に関する注意）

第28条　京浜運河から他の運河に入航し，又は他の運河から京浜運河に入航しようとする汽船は，京浜運河と当該他の運河との接続点の手前150メートルの地点に達したときは，汽笛又はサイレンをもって長音1回を吹き鳴らさなければならない。

第29条　総トン数5,000トン（油送船にあっては1,000トン）以上の船舶は，鶴見航路又は川崎航路を航行して川崎第1区又は横浜第4区に入航しようとするときはそれぞれ当該航路入口付近で，川崎第1区又は横浜第4区を出航して鶴見航路又は川崎航路を航行しようとするときはそれぞれ境運河前面水域又は東扇島26号岸壁前面水域で汽笛又はサイレンをもって長音を2回吹き鳴らさなければならない。

2　長さ150メートル（油送船にあっては，総トン数1,000トン）以上の船舶は，東京東航路を航行して入航し，又は出航しようとするときは，法第38条第2項各号に掲げる事項（同項第3号に掲げる事項は，入航しよう

とするときにあっては当該航路入口付近に達する予定時刻とし，出航しようとするときにあっては運航開始予定時刻とする。）を，それぞれ入航予定日又は運航開始予定日の前日正午までに港長に通報しなければならない。

3　長さ300メートル（油送船にあっては，総トン数5,000トン）以上の船舶は，東京西航路を航行して入航し，又は出航しようとするときは，法第38条第2項各号に掲げる事項（同項第3号に掲げる事項は，入航しようとするときにあっては当該航路入口付近に達する予定時刻とし，出航しようとするときにあっては運航開始予定時刻とする。）を，それぞれ入航予定日又は運航開始予定日の前日正午までに港長に通報しなければならない。

4　総トン数1,000トン以上の船舶は，鶴見航路若しくは川崎航路を航行して入航し，又は川崎第1区及び横浜第4区において移動し（京浜運河以外の水域内において移動するときを除く。），若しくは鶴見航路若しくは川崎航路を航行して出航しようとするときは，法第38条第2項各号に掲げる事項（同項第3号に掲げる事項は，入航しようとするときにあってはそれぞれ当該航路入口付近に達する予定時刻とし，移動し，又は出航しようとするときにあっては運航開始予定時刻とする。）を，それぞれ入航予定日又は運航開始予定日の前日正午までに港長に通報しなければならない。

5　長さ160メートル（油送船にあっては，総トン数1,000トン）以上の船舶は，横浜航路を航行して入航し，又は出航しようとするときは，法第38条第2項各号に掲げる事項（同項第3号に掲げる事項は，入航しようとするときにあっては当該航路入口付近に達する予定時刻とし，出航しようとするときにあっては運航開始予定時刻とする。）を，それぞれ入航予定日又は運航開始予定日の前日正午までに港長に通報しなければならない。

6　第2項から前項までの事項を通報した船舶は，当該事項に変更があったときは，直ちに，その旨を港長に通報しなければならない。

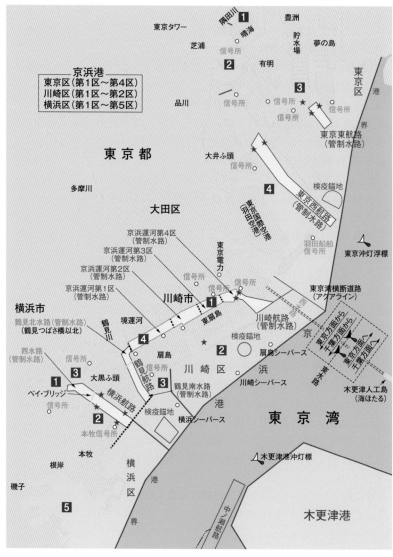

図 8-5　京浜港

第2節の2　名古屋港

（特定航法）

第29条の2　第27条の2第1項及び第2項の規定は，東航路，西航路（西航路北側線西側屈曲点から135度に引いた線の両側それぞれ500メートル以内の部分を除く。）及び北航路において，船舶（同条第2項を準用する場合にあっては，汽船）が他の船舶を追い越そうとする場合に準用する。

2　船舶が第1項に規定する航路の部分を航行しているときは，その付近にある他の船舶は，航路外から航路に入り，航路から航路外に出，又は航路を横切って航行してはならない。

3　総トン数500トン未満の船舶は，東航路，西航路及び北航路においては，航路の右側を航行しなければならない。

4　東航路を航行する船舶と西航路又は北航路を航行する船舶とが出会うおそれのある場合は，西航路又は北航路を航行する船舶は，東航路を航行する船舶の進路を避けなければならない。

5　西航路を航行する船舶（西航路を航行して東航路に入った船舶を含む。以下この項において同じ。）と北航路を航行する船舶（北航路を航行して東航路に入った船舶を含む。以下この項において同じ。）とが東航路において出会うおそれのある場合は，西航路を航行する船舶は，北航路を航行する船舶の進路を避けなければならない。

（航行に関する注意）

第29条の3　長さ270メートル（油送船にあっては，総トン数5,000トン）以上の船舶は，高潮防波堤東信号所から212度30分3,840メートルの地点から123度30分に引いた線と東航路西側線屈曲点から123度30分に引いた線との間の航路（以下この項及び別表第4において「東水路」という。）を航行して入航し，又は出航しようとするときは，法第38条第2項各号に掲げる事項（同項第3号に掲げる事項は，入航しようとするときにあっては東水路入口付近に達する予定時刻とし，出航しようとするときにあっては運航開始予定時刻とする。）を，それぞれ入航予定日又は運航開始予定日の前日正午までに港長に通報しなければならない。

2　長さ175メートル（油送船にあっては，総トン数5,000トン）以上の船舶は，次に掲げる水路を航行して入航し，又は出航しようとするときは，法第38条第2項各号に掲げる事項（同項第3号に掲げる事項は，入航し

第8章

港則法施行規則

175

ようとするときにあってはそれぞれ当該水路入口付近に達する予定時刻とし，出航しようとするときにあっては運航開始予定時刻とする。）を，それぞれ入航予定日又は運航開始予定日の前日正午までに港長に通報しなければならない。

(1) 西水路（名古屋港高潮防波堤中央堤西灯台（北緯35度34秒東経136度48分6秒）から229度2,140メートルの地点から128度に引いた線と西航路北側線西側屈曲点から135度に引いた線との間の同航路をいう。別表第4において同じ。）

(2) 北水路（金城信号所から175度30分750メートルの地点から123度30分に引いた線以北の北航路をいう。別表第4において同じ。）

3　前2項の事項を通報した船舶は，当該事項に変更があったときは，直ちに，その旨を港長に通報しなければならない。

図8-6　名古屋港

第2節の3　四日市港

（特定航法）

第29条の4　四日市港において，第1航路を航行する船舶と午起航路を航行する船舶とが出会うおそれのある場合は，午起航路を航行する船舶は，第1航路を航行する船舶の進路を避けなければならない。

（航行に関する注意）

第29条の5　総トン数3,000トン以上の船舶は，第1航路を航行して入航し，又は第1航路若しくは午起航路を航行して出航しようとするときは，法第38条第2項各号に掲げる事項（同項第3号に掲げる事項は，入航しようとするときにあっては第1航路入口付近に達する予定時刻とし，出航しようとするときにあっては運航開始予定時刻とする。）を，それぞれ入航予定日又は運航開始予定日の前日正午までに港長に通報しなければならない。

2　前項の事項を通報した船舶は，当該事項に変更があったときは，直ちに，その旨を港長に通報しなければならない。

図8-7　四日市港

第8章

港則法施行規則

（停泊の制限）

第30条　船舶は，阪神港大阪区河川運河水面（大阪北港北灯台（北緯34度40分24秒東経135度24分9秒）から103度730メートルの地点から99度に対岸まで引いた線，天保山記念碑と桜島入堀西岸南端とを結んだ線，第3突堤第8号岸壁東端（北緯34度38分51秒東経135度27分6秒）から102度30分に対岸まで引いた線，木津川口両突端を結んだ線及び木津川運河西口両突端を結んだ線からそれぞれ上流の港域内の河川及び運河水面をいう。以下同じ。）においては，両岸から河川幅又は運河幅の4分の1以内の水域に停泊し，又は係留しなければならない。

2　阪神港神戸区防波堤内において，はしけを岸壁，桟橋又は突堤に係留中の船舶の船側に係留するときは2縦列を，その他の船舶の船側に係留するときは3縦列を超えてはならない。

（えい航の制限）

第31条　船舶は，阪神港大阪区防波堤内において，汽艇等を引くときは，第9条第1項の規定にかかわらず，次の制限に従わなければならない。

(1)　阪神港大阪区河川運河水面（木津川運河水面を除く。）においては，引船の船首から最後の汽艇等の船尾までの長さが120メートルを超えないこと。

(2)　木津川運河水面においては，引船の船首から最後の汽艇等の船尾までの長さが80メートルを超えないこと。

（特定航法）

第32条　第27条の2第2項の規定は，阪神港大阪区河川運河水面において，汽船が他の船舶を追い越そうとする場合に準用する。

（航行に関する注意）

第33条　総トン数5,000トン以上の船舶は，第1号の地点から第3号の地点までを順次に結んだ線と第4号の地点から第6号の地点までを順次に結んだ線との間の海面（以下この項及び別表第4において「南港水路」という。）を航行して入航し，又は出航しようとするときは，法第38条第2項各号に掲げる事項（同項第3号に掲げる事項は，入航しようとするときにあっては南港水路入口付近に達する予定時刻とし，出航しようとするときにあっては運航開始予定時刻とする。）を，それぞれ入航予定日又は運航

開始予定日の前日正午までに港長に通報しなければならない。

(1) 大阪南港北防波堤灯台（北緯 34 度 37 分 43 秒東経 135 度 23 分 48 秒）から 113 度 570 メートルの地点

(2) 大阪南港北防波堤灯台から 213 度 70 メートルの地点

(3) 大阪南港北防波堤灯台から 298 度 30 分 520 メートルの地点

(4) 大阪南港北防波堤灯台から 141 度 660 メートルの地点

(5) 大阪南港北防波堤灯台から 204 度 380 メートルの地点

(6) 大阪南港北防波堤灯台から 269 度 30 分 620 メートルの地点

2　総トン数 3,000 トン以上の船舶は，堺信号所から 301 度 2,540 メートルの地点から 29 度に引いた線以東の堺航路（以下この項及び別表第 4 において「堺水路」という。）を航行して堺泉北第 2 区若しくは堺泉北第 3 区に入航し，又は堺泉北第 2 区若しくは堺泉北第 3 区を出航しようとするときは，法第 38 条第 2 項各号に掲げる事項（同項第 3 号に掲げる事項は，入航しようとするときにあっては堺水路入口付近に達する予定時刻とし，出航しようとするときにあっては運航開始予定時刻とする。）を，それぞれ入航予定日又は運航開始予定日の前日正午までに港長に通報しなければならない。

3　総トン数 10,000 トン以上の船舶は，浜寺信号所から 262 度 40 分 2,755 メートルの地点から 181 度に引いた線以東の浜寺航路（以下この項及び別表第 4 において「浜寺水路」という。）を航行して入航し，又は出航しようとするときは，法第 38 条第 2 項各号に掲げる事項（同項第 3 号に掲げる事項は，入航しようとするときにあっては浜寺水路入口付近に達する予定時刻とし，出航しようとするときにあっては運航開始予定時刻とする。）を，それぞれ入航予定日又は運航開始予定日の前日正午までに港長に通報しなければならない。

4　総トン数 40,000 トン（油送船にあっては，1,000 トン）以上の船舶は，神戸中央航路を航行して入航し，又は出航しようとするときは，法第 38 条第 2 項各号に掲げる事項（同項第 3 号に掲げる事項は，入航しようとするときにあっては当該航路入口付近に達する予定時刻とし，出航しようとするときにあっては運航開始予定時刻とする。）を，それぞれ入航予定日又は運航開始予定日の前日正午までに港長に通報しなければならない。

5　前各項の事項を通報した船舶は，当該事項に変更があったときは，直ちに，その旨を港長に通報しなければならない。

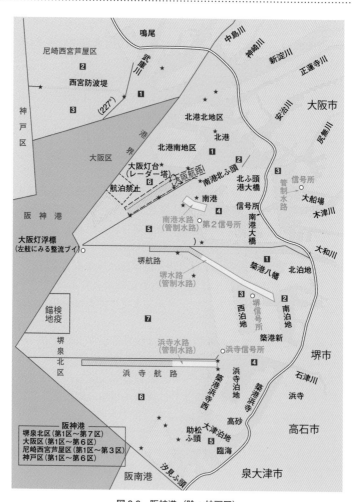

図 8-8　阪神港（除：神戸区）

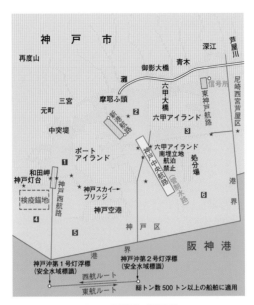

図 8-9　阪神港（神戸区）

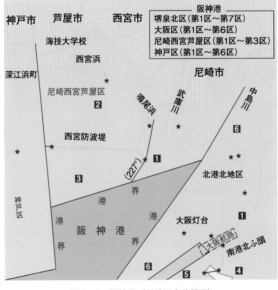

図 8-10　阪神港（尼崎西宮芦屋区）

181

（航行に関する注意）

第33条の2　長さ200メートル以上の船舶は，港内航路を航行して入航し，又は出航しようとするときは，法第38条第2項各号に掲げる事項（同項第3号に掲げる事項は，入航しようとするときにあっては当該航路入口付近に達する予定時刻とし，出航しようとするときにあっては運航開始予定時刻とする。）を，それぞれ入航予定日又は運航開始予定日の前日正午までに港長に通報しなければならない。

2　前項の事項を通報した船舶は，当該事項に変更があったときは，直ちに，その旨を港長に通報しなければならない。

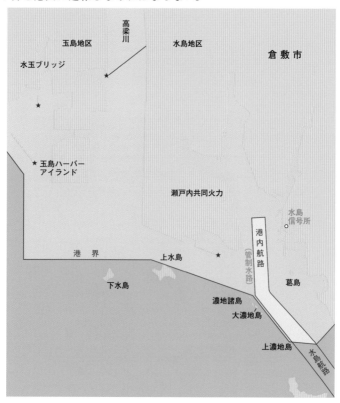

図8-11　水島港

第8章
港則法施行規則

第4節 尾道糸崎港

（停泊の制限）

第34条 尾道糸崎港第3区においては，船舶を岸壁又は桟橋に係留中の船舶の船側に係留してはならない。

図8-12 尾道糸崎港（1）

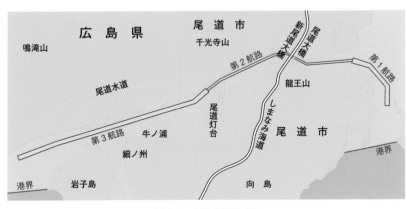

図8-13 尾道糸崎港（2）

（特定航法）

第35条　第27条の2第1項及び第2項の規定は，航路において，船舶（同条第2項を準用する場合にあっては，汽船）が他の船舶を追い越そうとする場合に準用する。

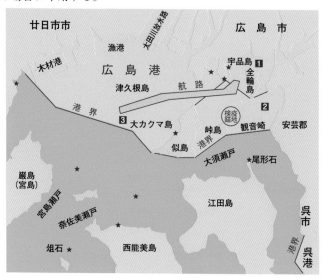

図8-14　広島港

第6節　関門港

（びょう泊の方法）

第36条　港長は，必要があると認めるときは，関門港内にびょう泊する船舶に対し，双びょう泊を命ずることができる。

（えい航の制限）

第37条　船舶は，関門航路において，汽艇等を引くときは，第9条第1項の規定によるほか，1縦列にしなければならない。

（特定航法）

第38条　船舶は，関門港においては，次の航法によらなければならない。

(1) 関門航路及び関門第 2 航路を航行する汽船は，できる限り，航路の右側を航行すること。

(2) 田野浦区から関門航路によろうとする汽船は，門司埼灯台（北緯 33 度 57 分 44 秒東経 130 度 57 分 47 秒）から 67 度 1,980 メートルの地点から 321 度 30 分に引いた線以東の航路から入航すること。

(3) 早鞆瀬戸を西行しようとする総トン数 100 トン未満の汽船は，前 2 号に規定する航法によらないことができる。この場合においては，できるだけ門司埼に近寄って航行し，他の船舶に行き会ったときは，右舷を相対して航過すること。

(4) 第 1 号の規定により早鞆瀬戸を東行する汽船は，前号の規定により同瀬戸を航行する汽船を常に右舷に見て航過すること。

(5) 潮流を遡り早鞆瀬戸を航行する汽船は，潮流の速度に 4 ノットを加えた速力以上の速力を保つこと。

(6) 若松航路及び奥洞海航路においては，総トン数 500 トン以上の船舶は航路の中央部を，その他の船舶は，航路の右側を航行すること。

(7) 関門航路を航行する船舶と砂津航路，戸畑航路，若松航路又は関門第 2 航路（以下この号において「砂津航路等」という。）を航行する船舶とが出会うおそれのある場合は，砂津航路等を航行する船舶は，関門航路を航行する船舶の進路を避けること。

(8) 関門第 2 航路を航行する船舶と安瀬航路を航行する船舶とが出会うおそれのある場合は，安瀬航路を航行する船舶は，関門第 2 航路を航行する船舶の進路を避けること。

(9) 関門第 2 航路を航行する船舶と若松航路を航行する船舶とが関門航路において出会うおそれのある場合は，若松航路を航行する船舶は，関門第 2 航路を航行する船舶の進路を避けること。

(10) 戸畑航路を航行する船舶と若松航路を航行する船舶とが関門航路において出会うおそれのある場合は，若松航路を航行する船舶は，戸畑航路を航行する船舶の進路を避けること。

(11) 若松航路を航行する船舶と奥洞海航路を航行する船舶とが出会うおそれのある場合は，奥洞海航路を航行する船舶は，若松航路を航行する船舶の進路を避けること。

2 第 27 条の 2 第 1 項及び第 2 項の規定は，関門航路（関門橋西側線と火ノ山下潮流信号所（北緯 33 度 58 分 6 秒東経 130 度 57 分 41 秒）から 130 度

に引いた線との間の関門航路（第40条第1項及び別表第4において「早
靹瀬戸水路」という。）を除く。）において，船舶（第27条の2第2項を
準用する場合にあっては，汽船）が他の船舶を追い越そうとする場合に準
用する。

第39条 汽艇等その他の物件を引いている船舶は，若松航路のうち，若松
港口信号所から110度30分1,195メートルの地点から164度に引いた線
と同信号所から223度1,835メートルの地点から311度30分に引いた線
との間の航路を横断してはならない。

（航行に関する注意）

第40条 総トン数10,000トン（油送船にあっては，3,000トン）以上の船
舶は，早靹瀬戸水路を航行しようとするときは，法第38条第2項各号に
掲げる事項（同項第3号に掲げる事項は，早靹瀬戸水路入口付近に達する
予定時刻とする。）を通航予定日の前日正午までに港長に通報しなければ
ならない。

2　総トン数300トン以上の船舶は，若松港口信号所から184度30分1,335
メートルの地点から349度に引いた線以西の若松航路（以下この項及び別
表第4において「若松水路」という。）を航行して入航し，又は若松水路
若しくは奥洞海航路を航行して出航しようとするときは，法第38条第2
項各号に掲げる事項（同項第3号に掲げる事項は，入航しようとするとき
にあっては若松水路入口付近に達する予定時刻とし，出航しようとすると
きにあっては運航開始予定時刻とする。）を，それぞれ入航予定日又は運
航開始予定日の前日正午までに港長に通報しなければならない。

3　前2項の事項を通報した船舶は，当該事項に変更があったときは，直ち
に，その旨を港長に通報しなければならない。

（縫航の制限）

第41条 帆船は，門司区，下関区，西山区及び若松区を縫航してはならな
い。

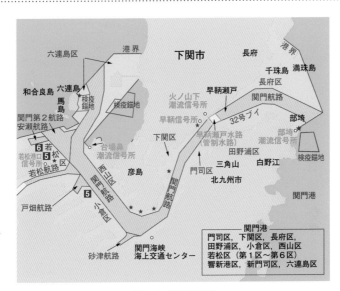

図 8-15　関門港東部

図 8-16　関門港奥洞海航路

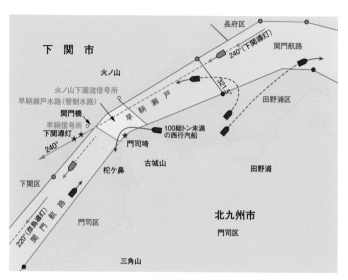

図 8-17　関門港早鞆瀬戸付近

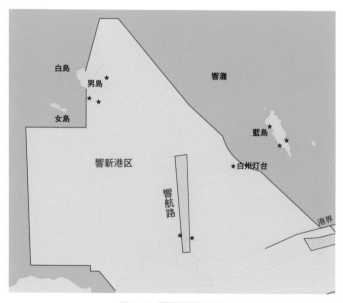

図 8-18　関門港響新港区

（びょう泊等の制限）

第42条　船舶は，朝日町防波堤，高松港朝日町防波堤灯台（北緯34度21分38秒東経134度3分32秒）から高松港玉藻防波堤灯台（北緯34度21分41秒東経134度3分6秒）まで引いた線，玉藻地区玉藻防波堤，北浜町北東端から37度に引いた線及び陸岸により囲まれた海面（航路を除く。）においては，次に掲げる場合を除いては，びょう泊し，又はえい航している船舶その他の物件を放してはならない。

(1) 海難を避けようとするとき。

(2) 運転の自由を失ったとき。

(3) 人命又は急迫した危険のある船舶の救助に従事するとき。

(4) 法第31条の規定による港長の許可を受けて工事又は作業に従事するとき。

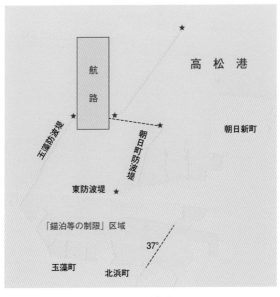

図8-19　高松港

（航行に関する注意）

第43条　総トン数1,000トン（油送船にあっては，500トン）以上の船舶は，高知港御畳瀬灯台（北緯33度30分26秒東経133度33分34秒）から90度に引いた線以南の航路（以下この項及び別表第4において「高知水路」という。）を航行して入航し，又は出航しようとするときは，法第38条第2項各号に掲げる事項（同項第3号に掲げる事項は，入航しようとするときにあっては高知水路入口付近に達する予定時刻とし，出航しようとするときにあっては運航開始予定時刻とする。）を，それぞれ入航予定日又は運航開始予定日の前日正午までに港長に通報しなければならない。

2　前項の事項を通報した船舶は，当該事項に変更があったときは，直ちに，その旨を港長に通報しなければならない。

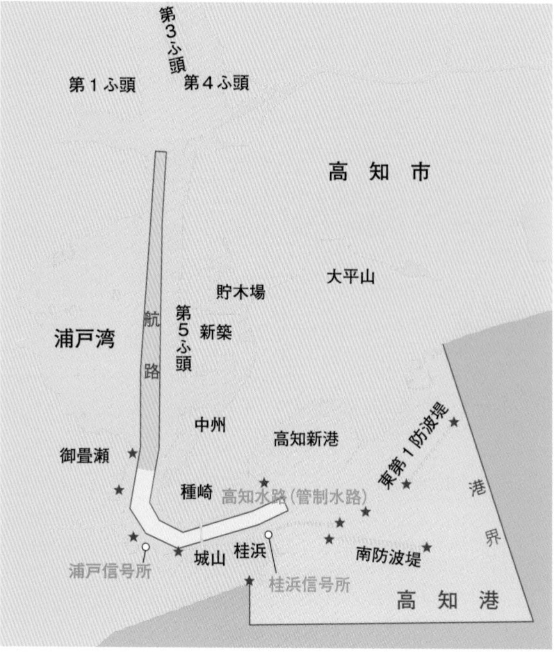

図 8-20　高知港

（特定航法）

第44条　博多港において，中央航路を航行する船舶と東航路を航行する船舶とが出会うおそれのある場合は，東航路を航行する船舶は，中央航路を航行する船舶の進路を避けなければならない。

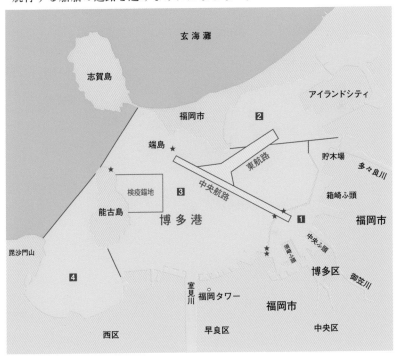

図 8-21　博多港

第8章

港則法施行規則

（縫航の制限）

第45条　帆船は，長崎港第1区及び第2区を縫航してはならない。

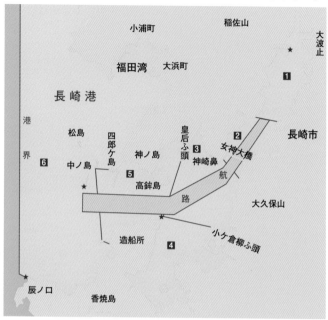

図 8-22　長崎港

（航行に関する注意）

第46条 総トン数500トン以上の船舶は，金比羅山山頂（101メートル）から高崎鼻まで引いた線以西の航路（以下この項及び別表第4において「佐世保水路」という。）を航行して入航し，又は出航しようとするときは，法第38条第2項各号に掲げる事項（同項第3号に掲げる事項は，入航しようとするときにあっては佐世保水路入口付近に達する予定時刻とし，出航しようとするときにあっては運航開始予定時刻とする。）を，それぞれ入航予定日又は運航開始予定日の前日正午までに港長に通報しなければならない。

2　前項の事項を通報した船舶は，当該事項に変更があったときは，直ちに，その旨を港長に通報しなければならない。

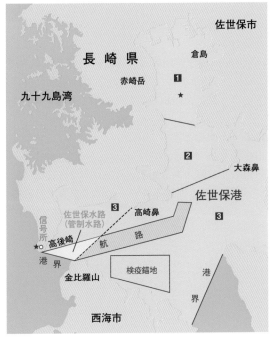

図8-23　佐世保港

（停泊の制限）

第 47 条　日向製錬所護岸北東端から 84 度 500 メートルの地点まで引いた線（以下この節において「A 線」という。），東ソー日向株式会社護岸南東端（北緯 32 度 26 分 28 秒東経 131 度 38 分 59 秒）から 129 度 300 メートルの地点まで引いた線（以下この条において「B 線」という。）及び B 線以北の陸岸により囲まれた海面においては，船舶を他の船舶の船側に係留してはならない。

2　B 線及び陸岸により囲まれた海面並びに番所鼻東端から 0 度に引いた線（以下この節において「C 線」という。）及び陸岸により囲まれた海面（漁船船だまりを除く。次条において同じ。）において，船舶を他の船舶の船側に係留するときは，3 縦列を超えてはならない。

3　総トン数 500 トン以上の船舶は，前 2 項に規定する海面においては，船尾のみを係留施設に係留してはならない。

（びょう泊等の制限）

第 48 条　船舶は，A 線及び陸岸により囲まれた海面（航路を除く。）並びに C 線及び陸岸により囲まれた海面においては，次に掲げる場合を除いては，びょう泊し，又はえい航している船舶その他の物件を放してはならない。

(1)　海難を避けようとするとき。

(2)　運転の自由を失なったとき。

(3)　人命又は急迫した危険のある船舶の救助に従事するとき。

(4)　法第 31 条の規定による港長の許可を受けて工事又は作業に従事するとき。

第
8
章

港則法施行規則

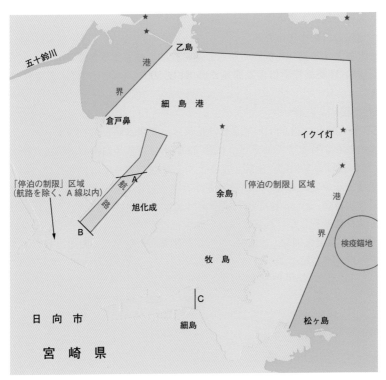

図 8-24　細島港

第 13 節　那覇港

（びょう泊等の制限）

第 49 条　船舶は，那覇港新港第 1 防波堤南灯台（北緯 26 度 13 分 27 秒東経 127 度 39 分 6 秒）から 128 度 1,445 メートルの地点から 309 度 785 メートルの地点まで引いた線，同地点から 219 度 300 メートルの地点まで引いた線，同地点から那覇港右舷灯台（北緯 26 度 12 分 48 秒東経 127 度 39 分 47 秒）まで引いた線及び陸岸により囲まれた海面並びに国場川明治橋下流の河川水面（次条第 1 項及び別表第 4 において「那覇水路」という。）においては，次に掲げる場合を除いては，びょう泊し，又はえい航している船舶その他の物件を放してはならない。

195

(1) 海難を避けようとするとき。

(2) 運転の自由を失ったとき。

(3) 人命又は急迫した危険のある船舶の救助に従事するとき。

(4) 法第31条の規定による港長の許可を受けて工事又は作業に従事するとき。

（航行に関する注意）

第50条 総トン数500トン以上の船舶は，那覇水路を航行して入航し，又は出航しようとするときは，法第38条第2項各号に掲げる事項（同項第3号に掲げる事項は，入航しようとするときにあっては那覇水路入口付近に達する予定時刻とし，出航しようとするときにあっては運航開始予定時刻とする。）を，それぞれ入航予定日又は運航開始予定日の前日正午までに港長に通報しなければならない。

2 前項の事項を通報した船舶は，当該事項に変更があったときは，直ちに，その旨を港長に通報しなければならない。

図 8-25 那覇港

附　則

以下，省略

別表第 1　（則第 3 条関係：法第 5 条関係）港区

別表第 2　（則第 8 条関係：法第 11 条関係）航路の区域

別表第 4　（第 20 条の 2 関係：法第 38 条関係）船舶交通の制限等

別表第 5　（第 20 条の 3 関係：法第 41 条関係）港長による情報の提供

別表第 3（第 20 条関係「進水等の届出」）

港の名称	区　域	船舶の長さ
釧路	東第三区	60 メートル
函館	第一区	50 メートル
	第二区	130 メートル
	第三区	25 メートル
小樽	第三区	25 メートル
稚内	稚内港第二副港防波堤灯台（北緯 45 度 24 分 44 秒東経 141 度 40 分 48 秒）から 207 度 140 メートルの地点から 255 度に引いた線以南の第一副港並びに北洋埠頭南防波堤，同防波堤突端から木材取扱施設東防波堤突端まで引いた線，同防波堤及び陸岸により囲まれた海面	25 メートル
八戸	第二区（館鼻三角点（27 メートル）（北緯 40 度 31 分 40 秒東経 141 度 31 分 19 秒）から 270 度 2,200 メートルの地点から零度に引いた線及び陸岸により囲まれた河川水面を除く。）	50 メートル
仙台塩釜	塩釜第一区	15 メートル
酒田	第一区，第二区	25 メートル
小名浜	港域内海面全域	30 メートル
千葉	千葉第二区	70 メートル
京浜	横浜第四区，横浜第五区	50 メートル
横須賀	第二区	25 メートル
	第三区	180 メートル
	第五区	50 メートル
新潟	西区	30 メートル
伏木富山	富山区	50 メートル
清水	第二区	50 メートル
舞鶴	第二区	150 メートル
阪神	堺泉北第二区，神戸第一区	50 メートル
	大阪第三区	25 メートル
境	第一区	15 メートル
宇野	高辺鼻から南近端鼻まで引いた線及び陸岸により囲まれた海面（以下 A 区域という。）	25 メートル
	A 区域を除いた港域内海面	200 メートル

第 8 章

港則法施行規則

水島	港域内海面全域	80 メートル
尾道糸崎	第一区，第二区，第三区，第四区	25 メートル
呉	呉区（豆倉鼻から三ツ石鼻まで引いた線及び陸岸により囲まれた海面を除く。）	80 メートル
広島	第一区	100 メートル
関門	下関区，田野浦区，西山区	25 メートル
坂出	港域内海面全域	150 メートル
高松	港域内海面全域	70 メートル
松山	第一区	15 メートル
今治	第三区	40 メートル
高知	高知港御畳瀬灯台から 90 度に陸岸まで引いた線，浦戸大橋及び陸岸により囲まれた海面	50 メートル
博多	第一区	30 メートル
長崎	第一区，第二区，第四区	25 メートル
八代	港域内海面全域	50 メートル
三角	港域内海面全域	60 メートル
鹿児島	本港区	20 メートル

別表第 6（第 20 条の 6 関係）

港の名称	区　　域
京浜	JERA 扇島 LNG バース灯（北緯 35 度 28 分 15 秒東経 139 分 44 分 20 秒）を中心とする半径 3700 メートルの円弧のうち同灯からそれぞれ 54 度及び 168 度に引いた線以東の部分，東京ガス扇島 LNG バース灯（北緯 35 度 27 分 43 秒東経 139 度 43 分 8 秒）を中心とする半径 3700 メートルの円弧のうち同灯からそれぞれ 135 度 30 分及び 183 度に引いた線以南の部分，横浜大黒防波堤西灯台から 194 度 4240 メートルの地点を中心とする半径 3700 メートルの円弧のうち同地点からそれぞれ 58 度及び 96 度に引いた線以東の部分，第一号及び第二号に掲げる地点を結んだ線，第三号及び第四号に掲げる地点を結んだ線，第五号及び第六号に掲げる地点を結んだ線，第七号から第九号までに掲げる地点を順次に結んだ線，第十号から第十二号までに掲げる地点を順次に結んだ線並びに陸岸により囲まれた海面 一　横浜大黒防波堤西灯台から 149 度 30 分 5220 メートルの地点 二　横浜大黒防波堤西灯台から 178 度 30 分 4490 メートルの地点 三　横浜大黒防波堤西灯台から 191 度 4440 メートルの地点 四　横浜大黒防波堤西灯台から 197 度 30 分 4120 メートルの地点 五　横浜大黒防波堤西灯台から 218 度 30 分 970 メートルの地点 六　横浜大黒防波堤西灯台から 40 度 260 メートルの地点 七　横浜大黒防波堤東灯台から 247 度 30 分 650 メートルの地点 八　横浜大黒防波堤東灯台 九　川崎扇島南西端（北緯 35 度 27 分 52 秒東経 139 度 42 分 46 秒） 十　川崎扇島南東端（北緯 35 度 28 分 37 秒東経 139 度 44 分 31 秒） 十一　川崎東扇島防波堤西灯台（北緯 35 度 28 分 51 秒東経 139 度 45 分 3 秒） 十二　川崎東扇島防波堤東灯台から 244 度 1120 メートルの地点

参 考 文 献

福井淡　原著・矢野吉治　改訂『図説　港則法』海文堂出版，2013

国土交通省大臣官房総務課　監修『実用海事六法　平成28年版』成山堂書店，2016

海上保安庁交通部安全課　監修『港則法100問100答（三訂版）』成山堂書店，2008

海上保安庁交通部安全課　監修『最新　海上交通三法及び関係法令』成山堂書店，2010

小川洋一　編著『船舶衝突の裁決例と解説』成山堂書店，2002

〚 著者略歴 〛

國枝佳明 くにえだよしあき

1982 年	神戸商船大学卒業 運輸省航海訓練所　入所 練習船航海士を歴任
2007 年	独立行政法人航海訓練所 練習船船長
2014 年	国立大学法人東京海洋大学 先端科学技術研究センター教授
2017 年	国立大学法人東京海洋大学 学術研究院海事システム工学 部門教授
2022 年	独立行政法人国立高等専門学校 機構 富山高等専門学校校長

竹本孝弘 たけもとたかひろ

1984 年	東京商船大学卒業 運輸省航海訓練所　入所 練習船航海士を歴任
2007 年	独立行政法人航海訓練所 練習船船長
2009 年	国立大学法人東京海洋大学 学術研究院海事システム工学 部門教授

図解 港則法 4訂版

定価はカバーに表示してあります。

2016年 8 月28日　初版発行
2024年 7 月28日　4訂初版発行

著　者　　國枝佳明　竹本孝弘
発行者　　小川　啓人
印　刷　　三和印刷株式会社
製　本　　東京美術紙工協業組合

発行所 株式会社 **成山堂書店**

〒160-0012　東京都新宿区南元町 4 番 51　成山堂ビル
TEL：03(3357)5861　　FAX：03(3357)5867
URL　https://www.seizando.co.jp

落丁・乱丁本はお取り換えいたしますので、小社営業チーム宛にお送りください。

❖辞　典・外国語❖

✢辞　典✢

英和 海事大辞典(新装版)	逆井編	17,600円
和英 英和 船舶用語辞典(2訂版)	東京商船大辞典編集委員会 編	5,500円
英和 海洋航海用語辞典(2訂増補版)	四之宮編	3,960円
英和 和英 機関用語辞典(2訂版)	升田編	3,520円
新訂 図解 船舶・荷役の基礎用語	宮本編著 新日検改訂	4,730円
LNG船・荷役用語集(改訂版)	ダイアモンド・ガス・オペレーション㈱著	6,820円
海に由来する英語事典	飯島・丹羽訳	7,040円
船舶安全法関係用語事典(第2版)	上村編著	8,580円
最新ダイビング用語事典	日本水中科学協会編	5,940円
世界の空港事典	岩見他編著	9,900円

✢外国語✢

新版 英和 対訳 IMO標準海事通信用語集	海事局 監　修	5,500円
英文 和文 新訂 航海日誌の書き方	水島著	2,420円
実用英文機関日誌記載要領	岸本大橋共著	2,200円
新訂 船員実務英会話	水島編著	1,980円
復刻版海の英語 ―イギリス海事用語根源―	佐波著	8,800円
海の物語(改訂増補版)	商船高専英語研究会編	1,760円
機関英語のベスト解釈	西野著	1,980円
海の英語に強くなる本 ―海技試験を徹底攻略―	桑田著	1,760円

❖法令集・法令解説❖

✢法　令✢

海事法令 シリーズ ①海運六法	海事局 監　修	23,100円
海事法令 シリーズ ②船舶六法	海事局 監　修	52,800円
海事法令 シリーズ ③船員六法	海事局 監　修	41,250円
海事法令 シリーズ ④海上保安六法	保安庁 監　修	23,650円
海事法令 シリーズ ⑤港湾六法	海事法令研究会編	23,100円
海技試験六法	海技課 監　修	5,500円
実用海事六法	国土交通省 監　修	46,200円
最新小型船舶安全関係法令	安基課・測度課 監　修	7,040円
加除式危険物船舶運送及び貯蔵規則並びに関係告示(加除済み台本)	海事局 監　修	30,250円
危険物船舶運送及び貯蔵規則並びに関係告示(追録23号)	海事局 監　修	29,150円
最新船員法及び関係法令	船員政策課 監　修	7,700円
最新 船舶職員及び小型船舶操縦者法関係法令	海技・振興課 監　修	7,480円
最新水先法及び関係法令	海事局 監　修	3,960円
英和対訳 2021年STCW条約[正訳]	海事局 監　修	30,800円
英和対訳 国連海洋法条約[正訳]	外務省海洋課 監　修	8,800円
英和対訳 2006年ILO [正訳] 海上労働条約 2021年改訂版	海事局 監　修	7,700円
船舶油濁損害賠償保障関係法令・条約集	日本海事センター編	7,260円
国際船舶・港湾保安法及び関係法令	政策審議官 監　修	4,400円

✢法令解説✢

シップリサイクル条約の解説と実務	大坪他著	5,280円
海事法規の解説	神戸大学編著	5,940円
四・五・六級海事法規読本(3訂版)	及川著	3,740円
運輸安全マネジメント制度の解説	木下著	4,400円
船舶検査受検マニュアル(増補改訂版)	海事局 監　修	22,000円
船舶安全法の解説(5訂版)	有馬 編	5,940円
図解 海上衝突予防法(11訂版)	藤本著	3,520円
図解 海上交通安全法(10訂版)	藤本著	3,520円
図解 港則法(3訂版)	國枝・竹本著	3,520円
逐条解説 海上衝突予防法	河口著	9,900円
海洋法と船舶の通航(増補2訂版)	日本海事センター編	3,520円
船舶衝突の裁決例と解説	小川著	7,040円
海難審判裁決評釈集	21海事総合事務所編著	5,060円
1972年国際海上衝突予防規則の解説(第7版)	松井・赤地・久古共訳	6,600円
新編 漁業法のここが知りたい(2訂増補版)	金田著	3,300円
新編 漁業法詳解(増補5訂版)	金田著	10,890円
概説 改正漁業法	小松監修 有薗著	3,740円
実例でわかる漁業法と漁業権の課題	小松共著 有薗著	4,180円
海上衝突予防法史概説	岸本編著	22,407円
航空法(2訂版) ―国際法と航空法令の解説―	池内著	5,500円

❈海運・港湾・流通❈

✣海運実務✣

新訂 外航海運概論(改訂版)	森編著	4,730円
内航海運概論	畑本・古莊共著	3,300円
設問式 定期傭船契約の解説(新訂版)	松井著	5,940円
傭船契約の実務的解説(3訂版)	谷本・宮脇共著	7,700円
設問式 船荷証券の実務的解説	松井・黒澤編著	4,950円
設問式 シップファイナンス入門	秋葉編著	3,080円
設問式 船舶衝突の実務的解説	田川監修・藤沢著	2,860円
海損精算人が解説する共同海損実務ガイダンス	重松監修	3,960円
LNG船がわかる本(新訂版)	糸山著	4,840円
LNG船運航のABC(2訂版)	日本郵船LNG船運航研究会	4,180円
LNGの計量 —船上計量から熱量計算まで—	春田著	8,800円
ばら積み船の運用実務	関根監修	4,620円
載貨と海上輸送(改訂版)	運航技術研編	4,840円

海上貨物輸送論	久保著	3,080円
国際物流のクレーム実務—NVOCCはいかに対処するか—	佐藤著	7,040円
船会社の経営破綻と実務対応	佐藤・雨宮共著	4,180円
海事仲裁がわかる本	谷本著	3,080円

✣海難・防災✣

新訂 船舶安全学概論(改訂版)	船舶安全学研究会著	3,080円
海の安全管理学	井上著	2,640円

✣海上保険✣

漁船保険の解説	三宅・浅田菅原共著	3,300円
海上リスクマネジメント(2訂版)	藤沢・横山小林共著	6,160円
貨物海上保険・貨物賠償クレームのQ&A(改訂版)	小路丸著	2,860円
貿易と保険実務マニュアル	石原・土屋水落・吉永共著	4,180円

✣液体貨物✣

液体貨物ハンドブック(2訂版)	日本海事検定協会監修	4,400円

■油濁防止規程	内航総連編		■有害液体汚染・海洋汚染防止規程	内航総連編
150トン以上200トン未満 タンカー用	1,100円		有害液体汚染防止規程(150トン以上200トン未満)	1,320円
200トン以上タンカー用	1,100円		〃 (200トン以上)	2,200円
400トン以上ノンタンカー用	1,760円		海洋汚染防止規程(400トン以上)	3,300円

✣港　湾✣

港湾倉庫マネジメント —戦略的思考と黒字化のポイント—	春山著	4,180円
港湾知識のABC(13訂版)	池田・恩ază共著	3,850円
港運実務の解説(6訂版)	田村著	4,180円
新訂 港運がわかる本	天田・恩地共著	4,180円
港湾荷役のQ&A(改訂増補版)	港湾荷役機械システム協会編	4,840円
港湾政策の新たなパラダイム	篠原著	2,970円
コンテナ港湾の運営と競争	川崎・寺田手塚 編著	3,740円
日本のコンテナ港湾政策	津守著	3,960円
クルーズポート読本(2024年版)	みなと総研監修	3,080円
「みなと」のインフラ学	山縣・加藤編著	3,300円

✣物流・流通✣

国際物流の理論と実務(6訂版)	鈴木著	2,860円
すぐ使える実戦物流コスト計算	河西著	2,200円
新流通・マーケティング入門	金他共著	3,080円
グローバル・ロジスティクス・ネットワーク	柴崎編	3,080円

増補改訂 貿易物流実務マニュアル	石原著	9,680円
輸出入通関実務マニュアル	石原・松岡共著	3,630円
ココで差がつく! 貿易・輸送・通関実務	春山著	3,300円
新・中国税関実務マニュアル	岩見著	3,850円
リスクマネジメントの真髄 —現場・組織・社会の安全と安心—	井上編著	2,200円
ヒューマンファクター —安全な社会づくりをめざして—	日本ヒューマンファクター研究所著	2,750円
シニア社会の交通政策 —高齢化時代のモビリティを考える—	高田監修	2,860円
交通インフラ・ファイナンス	加藤・手塚共著	3,520円
ネット通販時代の宅配便	林・根本共著	3,080円
道路課金と交通マネジメント	根本・今西共著	3,520円
現代交通問題 考	衛藤監修	3,960円
運輸部門の気候変動対策	室町著	3,520円
交通インフラの運営と地域政策	西藤著	3,300円
交通経済	今城監訳	3,740円
駐車施策からみたまちづくり	高田監修	3,520円

❖航　海❖

航海学(上)(6訂版)	辻・航海学研究会著	4,400円
航海学(下)(5訂版)	辻・航海学研究会著	4,400円
航海学概論(改訂版)	鳥羽商船高専ナビゲーション技術研究会編	3,520円
航海応用力学の基礎(3訂版)	和田著	4,180円
実践航海術	関根監修	4,180円
海事一般がわかる本(改訂版)	山崎著	3,300円
天文航法のABC	廣野著	3,300円
平成27年練習用天測暦	航技研編	1,650円
新訂 初心者のための海図教室	吉野著	2,530円
四・五・六級航海読本(2訂版)	及川著	3,960円
四・五・六級運用読本(改訂版)	及川著	3,960円
船舶運用学のABC	和田著	3,740円
魚探とソナーとGPSとレーダーと舶用電子機器の極意(改訂版)	須磨著	2,750円
新訂 電波航法	今津・榧野 共著	2,860円
航海計器シリーズ①基礎航海計器(改訂版)	米沢著	2,640円
航海計器シリーズ②新訂増補 ジャイロコンパスとオートパイロット	前畑著	4,180円
航海計器シリーズ③新訂 電波計器	若林著	4,400円
舶用電気・情報基礎論	若林著	3,960円
詳説 航海計器(改訂版)	若林著	4,950円
航海当直用レーダープロッティング用紙	航海技術研究会編著	2,200円
操船の理論と実際(増補版)	井上著	5,280円
操船実学	石畑著	5,500円
曳船とその使用法(2訂版)	山縣著	2,640円
船舶通信の基礎知識(3訂増補版)	鈴木著	3,300円
旗と船舶通信(6訂版)	三谷・古藤 共著	2,640円
大きな図で見るやさしい実用ロープ・ワーク(改訂版)	山崎著	2,640円
ロープの扱い方・結び方	堀越・橋本 共著	880円
How to ロープ・ワーク	及川・石井・亀田 共著	1,100円

❖機　関❖

機関科一・二・三級執務一般	細井・佐藤・須藤 共著	3,960円
機関科四・五級執務一般(3訂版)	海教研編	1,980円
機関学概論(改訂版)	大島商船高専マリンエンジニア育成会編	2,860円
機関計算問題の解き方	大西著	5,500円
舶用機関システム管理	中井著	3,850円
初等ディーゼル機関(改訂増補版)	黒沢著	3,740円
新訂 舶用ディーゼル機関教範	岡田他共著	4,950円
舶用ディーゼルエンジン	ヤンマー編著	2,860円
初心者のためのエンジン教室	山田著	1,980円
蒸気タービン要論	角田著	3,960円
詳説舶用蒸気タービン(上)(下)	古川・杉田 共著	9,900円 9,900円
なるほど納得!パワーエンジニアリング(基礎編)(応用編)	杉田著	3,520円 4,950円
ガスタービンの基礎と実際(3訂版)	三輪著	3,300円
制御装置の基礎(3訂版)	平野著	4,180円
ここからはじめる制御工学	伊藤監修章	2,860円
舶用補機の基礎(増補9訂版)	島田・渡邊 共著	5,940円
舶用ボイラの基礎(6訂版)	西野・角田 共著	6,160円
船舶の軸系とプロペラ	石原著	3,300円
舶用金属材料の基礎	盛田著	4,400円
金属材料の腐食と防食の基礎	世利著	3,080円
わかりやすい材料学の基礎	菱田著	3,080円
エンジニアのための熱力学	刑部監修 角田・山口共著	4,400円

■航海訓練所シリーズ（海技教育機構編著）

書名	価格	書名	価格
帆船 日本丸・海王丸を知る(改訂版)	2,640円	読んでわかる 三級航海 運用編(2訂版)	3,850円
読んでわかる 三級航海 航海編(2訂版)	4,400円	読んでわかる 機関基礎(2訂版)	1,980円